Doreen Göhler

Beitrag zur Variablenselektion und Mustererkennung bei zeitveränderlichen Transmissionsspektren

TUDpress

Studientexte zur Sprachkommunikation
Hg. von Rüdiger Hoffmann
ISSN 0940-6832
Bd. 91

Doreen Göhler

Beitrag zur Variablenselektion und Mustererkennung bei zeitveränderlichen Transmissionsspektren

TUDpress

2018

Die vorliegende Arbeit wurde unter dem Titel „Beitrag zur Variablenselektion und Mustererkennung bei zeitveränderlichen Transmissionsspektren“ am 19. 02. 2018 als Dissertation an der Fakultät Elektrotechnik und Informationstechnik der Technischen Universität Dresden verteidigt.

Promotionskommission:

Vorsitzender: Herr Prof. Dr.-Ing. habil. Jürgen Czarske (TU Dresden)
1. Gutachter: Herr Prof. Dr.-Ing. habil. Rüdiger Hoffmann (TU Dresden)
2. Gutachter: Frau Prof. Dr.-Ing. Gudrun Flach (HTW Dresden)

Tag der Einreichung: 26. September 2017
Tag der Verteidigung: 19. Februar 2018

Bibliografische Information der Deutschen Nationalbibliothek
Die Deutsche Nationalbibliothek verzeichnet diese Publikation in der Deutschen Nationalbibliografie; detaillierte bibliografische Daten sind im Internet über http://dnb.d-nb.de abrufbar.

Bibliographic information published by the Deutsche Nationalbibliothek
The Deutsche Nationalbibliothek lists this publication in the Deutsche Nationalbibliografie; detailed bibliographic data are available in the Internet at http://dnb.d-nb.de.

ISBN 978-3-95908-131-3

Bergstr. 70 | D-01069 Dresden
http://www.tudpress.de

TUDpress ist ein Imprint von Thelem

Gesetzt vom Autor.
Printed in Germany.

Danksagung

Mein erster Dank gilt Herrn Dr. James C. McKay, der die Idee - Geschlechtsbestimmung im Brutei an Hand der Daunenfederfarbe - in die Hände der EVONTA-Technology GmbH gelegt hat. Durch die Arbeit an diesem anwendungsspezifischen Thema und der Suche nach einer industriell akzeptierten Lösung sind meine Kollegen und ich zu respektablen **Eggs**perten geworden. Ohne diese Auseinandersetzung und die Freigabe zur Veröffentlichung wäre das Thema sowie die vorliegende Arbeit nicht entstanden.
Frau Prof. Gudrun Flach und Herrn Prof. Rüdiger Hoffmann danke ich herzlich dafür, dass sie sich der Betreuung meiner Arbeit angenommen und diese durch konstruktive Gespräche und aufmunternde Worte in die richtigen Bahnen gelenkt haben.
Herrn Dr. Sven Meissner und Herrn Dr. Björn Fischer sowie meinen Kollegen der EVONTA-Technology GmbH danke ich für die Unterstützung durch zeitliche Flexibilität und die angenehme Arbeitsathmosphäre, die auch längere Arbeitstage und das ein oder andere Wochenende überstehen lassen.
Mein ∞ Dank gilt Frau Prof. Beate Jung für die kontinuierliche Korrespondenz in Wort und Schrift zur Mathematik dieser Arbeit. Die zahllosen Gespräche und Diskussionen zu den mathematischen Stolpersteinen und statistisch unbedeutenden Problemfällen, die für mich aber doch irgendwie relevant waren oder schienen, haben viele Fragen klären können oder beim „*ad acta* legen“ geholfen.
Frau Prof. Kristina Kelber gebührt mein herzlicher Dank für die geduldigen und zeitunabhängigen Frage-Antwort-Spiele, durch die sich meine wild umherfliegenden Gedanken ein ums andere Mal ordnen lassen.

Ein besonderer Dank gilt meiner Familie, insbesondere meinen Eltern Monika und Gerd Göhler, die mich auf meinem Lebensweg immer begleitet und gefördert haben und ohne deren beispiellose Unterstützung mein Weg so nicht möglich gewesen wäre.
Meiner Tante Ina Göhler und ihrem Hund Ayko gebührt ein großes Dankeschön für die abendlichen Spaziergänge, mit Zeit und Raum zum Persönlichkeitsaufbau durch ein offenes Ohr und viele aufmunternde Worte, wenn Arbeit und Arbeit mal doch zu viel sind und es an keiner Baustelle wirklich vorwärts geht.
Mein abschließender Dank gilt all meinen Freunden, die ich aufgrund des begrenzten Zeitkontingents durch die Doppelbelastung öfter vertröstet habe und die daraufhin nicht mit Unmut sondern mit viel Verständnis und Nachsicht reagiert haben.

Inhaltsverzeichnis

Symbolverzeichnis

$\mathbb{R}^M$ .... M-dimensionaler reeller Merkmalsraum

$\mathcal{M}$ .... Menge gewählter Variablen für die Klassifikation

$\mathcal{N}(\mu, \sigma^2)$ .... Univariate Normalverteilung mit Mittelwert μ und Varianz σ^2

$\mathcal{N}(\boldsymbol{\mu}, \boldsymbol{\Sigma})$ .... Multivariate Normalverteilung mit Mittelwertvektor $\boldsymbol{\mu}$ und Kovarianzmatrix $\boldsymbol{\Sigma}$

$\mathcal{R}$ .... Restmenge an Variablen für die Klassifikation

$\mathcal{X}$ .... Zufallsvariable

Γ .... Diskriminanzkriterium

$\lambda^{(i)}$ .... i-ter Eigenwert

μ, EW($\mathcal{X}$) ..... Mittelwert, Erwartungswert der Zufallsvariable $\mathcal{X}$

$\boldsymbol{\Sigma}$ .... Kovarianzmatrix (enthält alle Varianzen und Kovarianzen von $\text{cov}(\mathcal{X}_i, \mathcal{X}_j)$ mit $i, j = 1 \ldots M$)

σ .... Standardabweichung der Zufallsvariable $\mathcal{X}$

σ^2, var($\mathcal{X}$) .... Varianz der Zufallsvariable $\mathcal{X}$

$\boldsymbol{\Omega}$ .... Skalierungsmatrix

$\boldsymbol{\omega}$ .... Richtungsvektor der Diskriminante (allgemein) $\rightarrow$Wichtungsfaktoren für die Beobachtungswerte der betrachteten Merkmale

$\boldsymbol{\omega}^{(t)}$ .... Richtungsvektor der Diskriminante im Hauptkomponentenraum (Wichtungsfaktoren für die Abbildungswerte auf die Hauptkomponenten) in Iteration t des rekursiven Transformationsverfahrens

$\boldsymbol{\omega}^{(o|t)}$ .... Richtungsvektor der Diskriminante im nativen Merkmalsraum (Wichtungsfaktoren für die Beobachtungswerte der Variablen) in Iteration t des rekursiven Transformationsverfahrens

$\boldsymbol{\omega}_s$ .... Standardisierter Richtungsvektor der Diskriminante (Trenngüte der Merkmale)

ω_0 .... Verzerrung (Bias) eines Klassifikationsmodelles

$\boldsymbol{A}^{(I \times J)}$ .... Matrix (allgemein) der Größe $I \times J$ mit I Zeilen und J Spalten

a .... Spaltenvektor allgemein $\rightarrow$ alle Vektoren sind als Spaltenvektoren zu betrachten

A .... Klassifikationsgenauigkeit, Trefferquote

$\boldsymbol{B}$ .... Streuung der Merkmalsvariablen zwischen den Klassen

$\boldsymbol{C}$ .... Korrelationsmatrix (enthält alle Korrelationskoeffizienten $\mathrm{corr}(\mathcal{X}_i, \mathcal{X}_j)$ mit $i, j = 1 \ldots M$)

C .... Anzahl der Klassen/Kategorien/Gruppen

$\mathcal{C}_i$ .... zur i-ten Klasse zugeordnetes Label

$\boldsymbol{E}$ .... Residuenmatrix (Matrix der Rekonstruktionsfehlerwerte)

E .... Klassifikationsfehler

F .... Anzahl der latenten Merkmale (z.B. Hauptkomponenten)

G .... Diskriminanzwert

$\boldsymbol{H}$ .... Konfusionsmatrix/Wahrheitsmatrix/Verwechslungsmatrix

H .... absolute Häufigkeit

h .... relative Häufigkeit

$\mathcal{H}_0$ .... Nullhypothese

$\mathcal{H}_1$ .... Alternativhypothese

$\boldsymbol{I}$ .... Einheitsmatrix

i, j .... Laufindices

K .... Anzahl der Stichproben

L .... Parameter für Selektionsmethode

M .... Anzahl der nativen Merkmale

$\mathbf{m}$ .... vektorieller Stichprobenmittelwert einer multivariaten Normalverteilung (erwartungstreuer Schätzer für $\boldsymbol{\mu}$)

m .... Stichprobenmittelwert (erwartungstreuer Schätzer für μ)

N, n .... Anzahl der Beobachtungen/Instanzen/Datenreihen, Laufindex

$N^{(i)}$ .... Anzahl der Beobachtungen/Instanzen/Datenreihen mit dem Klassenlabel $\mathcal{C}_i$

$P(\mathcal{C}_1)$ .... A-Priori-Wahrscheinlichkeit der Klasse $\mathcal{C}_1$

$P(\mathcal{C}_1|\mathbf{x})$ .... A-Posteriori-Wahrscheinlichkeit der Klasse $\mathcal{C}_1$ bei Beobachtung von $\mathbf{x}$

R .... Reduktionsparameter im RTV

$\boldsymbol{S}$ .... empirische Kovarianzmatrix (Schätzer für $\boldsymbol{\Sigma}$)

$\boldsymbol{S}_p$ .... vereinte empirische Kovarianzmatrix

s .... Stichprobenstandardabweichung (Schätzer für σ)

s^2 .... korrigierte Stichprobenvarianz (erwartungstreuer Schätzer für σ^2)

s_p^2 .... vereinte Stichprobenvarianz (arithmetisches Mittel der Varianzen mehrerer Stichproben)

T .... Anzahl der Iterationen bis zur Konvergenz

t .... Iterationszähler

$\mathbf{u}$ .... Prototypenvektor / Zentrumsvektor / Stützvektor

U .... Trenngüte-Beitrag

$\mathbf{v}^{(i)}$ .... Eigenvektor zum i-ten Eigenwert

$\boldsymbol{W}$ .... Transformationsmatrix

$\mathbf{w}$ .... Transformationsvektor (Vektortransformation)

$\boldsymbol{X}^{(M \times N)}$ ...... Matrix der N Merkmalsvektoren $\mathbf{x}^{(n)}$ mit $n = 1 \dots N$ und M Merkmalen

$\mathbf{x}$ .... Merkmalsvektor allgemein $\rightarrow$ enthält die Beobachtungswerte für M Merkmale

$\mathbf{x}_{\mu \neq 0}$ .... mittelwertbehafteter Merkmalsvektor $\rightarrow$ enthält die mittelwertbehafteten Beobachtungswerte für M Merkmale

$\mathbf{x}^{(n)}$ .... Eingabevektor der Instanz n $\rightarrow$ enthält die Beobachtungswerte für M Merkmale

$\mathbf{x}^{(n|t)}$ .... Merkmalsvektor der Instanz n in Iteration t des rekursiven Transformationsverfahrens

y .... Zielgröße bei der Regression

$\boldsymbol{Z}$ .... Matrix der Faktorenwerte (Abbildungswerte der beobachteten Merkmale nach einer Hauptkomponentenanalyse)

$\boldsymbol{A} \circ \boldsymbol{B}$ .... Hadamard-/Schur-Produkt $\rightarrow$ elementweise Matrixmultiplikation (für Vektoren analog)

sgn() .... Vorzeichenfunktion

det($\boldsymbol{A}$) .... Determinante

cov($\mathcal{X}_1, \mathcal{X}_2$) .... Kovarianz zwischen den Zufallsvariablen $\mathcal{X}_1$ und $\mathcal{X}_2$

corr($\mathcal{X}_1, \mathcal{X}_2$) ... Korrelationskoeffizient zwischen den Zufallsvariablen $\mathcal{X}_1$ und $\mathcal{X}_2$

f() .... Allgemeine Funktion

g($\mathbf{x}$) .... Diskriminanzfunktion

d($\mathbf{x}$) .... Distanzfunktion

Abkürzungsverzeichnis

LDA .... Lineare Diskriminanzanalyse (*Linear Discriminant Analysis*)
MLS .... Maximum-Likelihood-Schätzer
MLR .... Multi-Linear-Regression
PCA .... Hauptkomponentenanalyse (*Principal Component Analysis*)
PLSR .... *Partial Least Square Regression*
RTV .... Rekursives Transformationsverfahren
SBS .... Rückwärtsselektion (*Serial Backward Selection*)
SFS .... Vorwärtsselektion (*Serial Forward Selection*)
SPA .... *Successive Projection Algorithm*

Kapitel 1
Einleitung und Motivation

1.1 Einordnung der Arbeit

In der kommerziellen Geflügelzucht lassen sich die Hühnerrassen in zwei Zuchtlinien einordnen. Es wird unterschieden in Legelinien (sehr hohe Legeleistung) und Mastlinien (sehr hoher Fleischansatz). Diese Spezialisierung führt bei den Legelinien dazu, dass jährlich über 40 Millionen männliche Eintagsküken getötet werden, da sie keine Eier legen werden und aufgrund des sehr geringen Fleischansatzes nicht für die Mast geeignet sind.
Um das Töten der männlichen Eintagsküken zu verhindern besteht das Bestreben, das Geschlecht bereits im embryonalen Stadium zu bestimmen und nur die weiblichen Tiere schlüpfen zu lassen. Die Bestimmung soll nach Möglichkeit vor der Ausbildung des Schmerzempfindens erfolgen, welches sich nach [Clo97] ab dem neunten Bebrütungstag (von insgesamt 21 Tagen) entwickelt. Für die industrielle Akzeptanz sind neben einer hohen Sortiergenauigkeit und geringen laufenden Kosten noch folgende Punkte von Bedeutung:

- Eine Unterbrechung des Brutvorganges führt zu Verzögerungen beim Schlupf ($\rightarrow$ minimale Verweilzeit außerhalb des Brutschrankes).
- Es müssen Durchsatzzahlen von 40 000 Eiern/Stunde bewältigt werden.
- Eine Parallelisierung ist aufgrund geringer Platzkapazitäten in den Brütereien gar nicht oder nur sehr eingeschränkt möglich.
- Die Sortiermethode darf die Embryonen nicht schädigen ($\rightarrow$ die Schlupfrate nicht verringern).
- Die Methode muss für alle Legelinien einsetzbar sein.
- Die Anlage muss autark laufen ($\rightarrow$ keine Verbindung nach außen).

Verschiedene spektroskopische und endokrinologische Ansätze wurden bisher untersucht und diskutiert ([Gal16],[Har08],[Wei13]). Diese Methoden sind ausnahmslos invasive Eingriffe, die die Durchsatzzahlen nicht erreichen und die geschützte Atmosphäre des Embryos verletzen, was zu signifikanten Schlupfeinbußen führt.

1.2 Ausgangsproblem

Basierend auf dem patentierten Grundprinzip zur spektrometrischen Geschlechtsbestimmung an Bruteiern auf Basis der Federfarbe [McK14], konnte ein nicht-invasiver Ansatz, der auf der Auswertung von Transmissionsspektren mittels einer hyperspektralen Kamera beruht, in der Veröffentlichung *„In-ovo sexing of 14-day-old chicken embryos by pattern analysis in hyperspectral images (VIS/NIR spectra): A non-destructive method for layer lines with gender-specific down feather color“* [Göh17] vorgestellt werden. Bei der Evaluierung dieser Methode und der Suche nach einem geeigneten Klassifikator ergaben sich - unter den gegebenen Randbedingungen für die industrielle Akzeptanz - Herausforderungen, die Gegenstand dieser Arbeit sein sollen.
Den Ausgangspunkt bilden Transmissionsspektren, die zwischen dem 11. und 14. Bebrütungstag erfasst wurden und die folgende Eigenschaften besitzen:

- 600 Intensitätswerte im Spektralbereich von 400 bis 1000 nm
- Hohe Kollinearität zwischen den Intensitätswerten
- Zeitabhängigkeit (Abhängigkeit vom Entwicklungsstand des Embryos)
- Stark abhängig von der Schalenfarbe und den Eigenschaften des Eiweißes und Eigelbs

Basierend auf den Entwicklungsstadien der betrachteten Embryonen erfolgte eine Einteilung der Spektren in die Kategorien *Entwicklungsstadium erreicht* und *Entwicklungsstadium nicht erreicht* sowie *männlich* und *weiblich*, wobei eine Geschlechtertrennung nur für die Kategorie *Entwicklungsstadium erreicht* möglich war. Das Klassifikationsproblem lässt sich damit als zweistufiges Zwei-Klassen-Problem betrachten. Vorwissen, ob oder welche Unterscheidungsmerkmale in den Spektren vorhanden sind, existiert nicht.
Hinsichtlich der andauernden Züchtung ist davon auszugehen, dass sich die Spektren auch über Generationen hinweg verändern werden, was eine Selbstanpassung oder ein erneutes Training des Klassifikators erfordert. Die Aufnahme von klassifizierten Daten ist logistisch und zeitlich sehr aufwendig und damit kostenintensiv. Im laufenden industriellen Prozess ist eine Online-Überwachung der Genauigkeit (Detektion von Falschklassifikationen) gar nicht möglich.
An den Klassifikator werden daher folgende Anforderungen gestellt:

- hohe Sortiergenauigkeit
- robuste Klassifikation (gute Generalisierungsfähigkeit)
- schnelle Klassifikation im laufenden Prozess (40 000 Entscheidungen pro Stunde)
- hohe Verfügbarkeit und autarke Funktionalität des Klassifikators (Ausschlusskriterium für cloudbasierte Ansätze)
- kurze Trainingszeit oder Selbstadaption, um auf Prozessveränderungen schnell reagieren zu können

- ressourcenschonender Klassifikator (geringer Speicherbedarf und geringe Rechenleistung bei der Klassifikation und beim Training, da keine Hochleistungsrechner, Grafikkartennetze oder Rechenzentren im Hintergrund verfügbar sind)
- Training auf kleiner Datenbasis (weniger Beobachtungen als Variablen bzw. Intensitätswerte)
- Reduktion der vielen hochkorrelierten Ausgangsvariablen zu wenigen signifikanten Unterscheidungsmerkmalen unter Erhalt der Transparenz der Klassifikation → einfache Interpretation des Klassifikators

Alpaydin [Alp10] und Hoffmann [Hof15] geben einen Überblick über etablierte Methoden zum Erstellen eines Klassifikationsmodelles. Um die potentielle Eignung der verbreitetsten überwachten Klassifikationsmodelle für das vorliegende Klassifikationsproblem einschätzen zu können, wurde auf Basis der verwendeten Literatur und mit Hinblick auf die gestellten Anforderungen eine qualitative Bewertung der Modelleigenschaften vorgenommen (s. Tabelle 1.1).

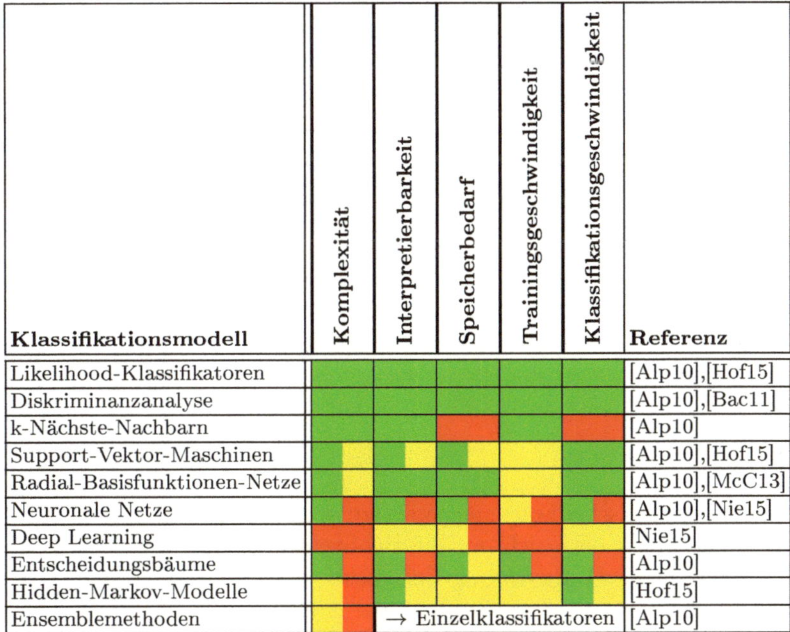

Klassifikationsmodell	Komplexität	Interpretierbarkeit	Speicherbedarf	Trainingsgeschwindigkeit	Klassifikationsgeschwindigkeit	Referenz
Likelihood-Klassifikatoren						[Alp10],[Hof15]
Diskriminanzanalyse						[Alp10],[Bac11]
k-Nächste-Nachbarn						[Alp10]
Support-Vektor-Maschinen						[Alp10],[Hof15]
Radial-Basisfunktionen-Netze						[Alp10],[McC13]
Neuronale Netze						[Alp10],[Nie15]
Deep Learning						[Nie15]
Entscheidungsbäume						[Alp10]
Hidden-Markov-Modelle						[Hof15]
Ensemblemethoden		→ Einzelklassifikatoren				[Alp10]

Tabelle 1.1 Qualitative Bewertung der Klassifikationsmodelle hinsichtlich der betrachteten Eigenschaften (grün: gut/niedrig, gelb: mittel, rot: schlecht/hoch). Bei mehrfarbiger Darstellung ist die Eigenschaft nicht pauschal anzugeben, sondern als [von bis] Angabe zu interpretieren, da die betreffenden Klassifikatorgruppen eine große Bandbreite an möglichen Strukturen mitbringen.

Große neuronale Netze und Deep Learning Ansätze scheiden aufgrund

- der geringen Anzahl an Beobachtungen gegenüber der Variablenanzahl,
- des hohen Trainingsaufwandes, der zu langen Trainings- und Vorhersagezeiten führt, die nur durch Bereitstellung von Rechnernetzen oder GPU-Clustern verkürzt werden können (cloudbasierte Ansätze) und
- der mangelnden Transparenz

aus. Eingehender betrachtet wurden daher die Modelle der Likelihood-Klassifikatoren und die Diskriminanzanalyse.
Der Mahalanobis-Abstand sowie die darauf basierende lineare Diskriminanzanalyse (LDA, s. Abschnitt 2.6.2) erfüllen die meisten der vorgenannten Bedingungen, lassen sich aber bei hochkorrelierten Daten, wie den Transmissionsspektren, oft nicht unmittelbar anwenden. Dies ist zumindest dann der Fall, wenn weniger Beobachtungen als Variablen vorliegen. Des Weiteren kann eine Vielzahl von irrelevanten Merkmalen (Klassifikationsrauschen) den Vorhersagefehler und die Komplexität des Klassifikators erhöhen. Deshalb ist zuvor eine Merkmalsreduktion notwendig.
Als etablierte Verfahren zur Merkmalsreduktion in spektroskopischen Daten gelten die Hauptkomponentenanalyse (*principal component analysis*, PCA) (s. Abschnitt 2.6.1) und die *Partial Least Square Regression* (PLSR) [Kes07]. Mit den in [Göh17] verwendeten Transmissionsspektren vom 13. und 14. Bebrütungstag konnte mit der Kombination aus PCA und LDA eine Vorhersagegenauigkeit von 90 % bzw. 97 % erreicht werden, was eine lineare Trennbarkeit indiziert.
Aufgrund der notwendigen PCA leidet jedoch die Interpretierbarkeit des Klassifikators, d.h. es ist nicht unmittelbar zugänglich, welche spektralen Abschnitte signifikant zur Unterscheidung der Gruppen beitragen und welche nicht. Dabei ist dieses von besonderem Interesse, da es die Grundlage bildet für die gezielte Auswahl der Systemkomponenten (Messprinzip s. Abschnitt 4 Abb. 4.1) wie der Lichtquelle oder der Kamera. Zusätzlich könnte diese Information Aufschluss über biologische und chemische Hintergründe geben sowie Hinweise zur Beantwortung einiger Fragen liefern, was zur Verbesserung des gesamten Messprinzips beitragen kann. Unter anderem stehen folgende Fragen im Raum:

- Sind die Unterscheidungsmerkmale zu jedem Entwicklungszeitpunkt die Gleichen und ändern sich nur die Beobachtungswerte?
- Kommen mit der Entwicklung Unterscheidungsmerkmale hinzu oder fallen welche weg?
- Sind die Unterscheidungsmerkmale für jeden Entwicklungszeitpunkt charakteristisch?
- Wann ist das erfasste Transmissionsspektrum als Fehlmessung zu betrachten (Ausreißererkennung)?
- Wie signifikant sind die spektralen Bereiche einzeln und in Kombination betrachtet?

1.3 Herausforderung

Gesucht ist eine Methode, die neben der Klassifikation auch die Auswahl signifikanter Variablen (hier: Wellenlängen) übernimmt, die für die Klassentrennung von Bedeutung sind und dadurch die Dimensionalität der Ausgangsdaten reduziert. Da es sich um ein Klassifikationsproblem handelt wurden zunächst Lösungsansätze im Bereich der Mustererkennung gesucht. Der Aspekt spektroskopischer Daten (viele korrelierte Variablen) führte außerdem zur Recherche im Bereich der multivariaten Datenanalyse.
Klassische Methoden, die zur Merkmalsreduktion und/oder Variablenselektion bei der Mustererkennung eingesetzt werden, sind

- die LDA,
- die PCA,
- der t-Test und
- die Teilmengenselektion

Die LDA ist ein linearer Klassifikator, der es neben einer Merkmalsreduktion und Klassifikation ermöglicht, für die zugrunde liegenden Variablen oder Merkmale die Trenngüte zu berechnen. Die Trenngüte gibt Auskunft darüber wie signifikant eine Variable/ein Merkmal[1] für die Unterscheidung der Klassen ist. Bei einer Trenngüte von 0 trägt das Merkmal nicht zur Klassentrennung bei. Die LDA lässt sich nicht immer unmittelbar auf das Ausgangsproblem anwenden und erfordert dann eine vorangestellte Merkmalsreduktion.

Mit Hilfe der PCA werden korrelierte Variablen in unkorrelierte Merkmale (Linearkombinationen der nativen Variablen) überführt, wobei auch eine Merkmalsreduktion erfolgen kann. Die Berechnung der latenten Merkmale erfolgt dabei jedoch ohne Berücksichtigung der Klassenzuordnung, wodurch signifikante Unterscheidungsvariablen verloren gehen können, wenn die Anzahl der latenten Merkmale zu gering gewählt wurde. Eine Variablenselektion kann hiermit nicht umgesetzt werden, da zum einen keine Klassifikation erfolgt und zum anderen die latenten Merkmale nur einen impliziten Rückschluss auf die nativen Variablen zulassen. Eine Gegenüberstellung von LDA und PCA ist in [Mar01] zu finden.

Der t-Test entstammt dem Gebiet der Testtheorie [Rin08] und kann unter anderem dazu genutzt werden die Mittelwerte von Stichproben auf Gleichheit zu prüfen (Zwei-Stichproben t-Test). Werden dabei die Beobachtungswerte

---

[1] Der Begriff *Variable* wird für Zufallsvariablen verwendet, deren Beobachtungswerte unmittelbar erfassbar/messbar sind (z.B. entspricht bei spektroskopischen Daten eine diskrete Wellenlänge einer Zufallsvariablen und die gemessenen Intensitäten den zugehörigen Beobachtungswerten).
Der Begriff *Merkmal* wird allgemein im Kontext der Klassifikation verwendet. Ein Merkmal kann dabei im einfachsten Fall einer Variablen entsprechen und in komplexeren Fällen aus mehreren Variablen zusammengesetzt sein.

der einen Klasse als erste Stichprobe und die Beobachtungswerte einer anderen Klasse als zweite Stichprobe angesehen, kann für jede Variable geprüft werden, ob sich der Mittelwert der einen Klasse vom Mittelwert der anderen Klasse unterscheidet. Ist dies nicht der Fall kann die betreffende Variable ausgeschlossen werden. Der Test lässt sich im nativen Merkmalsraum durchführen, hat aber bei hochkorrelierten Daten keine signifikante Reduktion zur Folge.

Bekannte Methoden zur Teilmengenselektion sind die Vorwärtsselektion (*sequential forward selection*, SFS) und die Rückwärtsselektion(*sequential backward selection*, SBS). Die Teilmengenselektion erfolgt durch sequentielles Hinzufügen oder Entfernen einzelner Variablen aus dem Variablenpool. Die Bewertung des Variablenpools wird anhand der Klassifikationsgenauigkeit eines gewählten Klassifikators realisiert. Die Vorwärtsselektion ist bei hohem Potential zur Dimensionalitätsreduktion der schnellere und rechenärmere Ansatz der beiden, riskiert jedoch in ein lokales Fehlerminimum zu geraten und Variablenkombinationen mit hoher Trenngüte ggf. zu übersehen. Die Rückwärtsselektion erhält wichtige Variablenkombinationen, benötigt aber eine lange Rechenzeit, da meist auch die Zeit zum Erstellen des Klassifikationsmodelles mit steigender Variablenanzahl zunimmt.

Grundlegende Methoden der multivariaten Datenanalyse und deren Anwendung auf spektroskopischen Daten werden in [Kes07] vorgestellt. Der Schwerpunkt liegt hier auf der PCA und Regressionsmethoden.
Dazu zählt die PLSR, die das überwachte Pendant zur PCA darstellt. Hier erfolgt (über den Zwischenschritt der Berechnung latenter Merkmale) ein Bestimmen von Regressionskoeffizienten. Dabei werden die Zielgrößen, auf die regressiert werden soll, in die Analyse mit einbezogen. Die Methode ist direkt auf die Ausgangsdaten anwendbar und die Regressionskoeffizienten können als Unterstützung zur Variablenselektion dienen. Eine unmittelbare Reduktion der Ausgangsdimensionalität erfolgt nicht. Im Abschnitt 3.10.6 von [Kes07] wird ein Ansatz zur Variablenselektion vorgestellt, wobei es sich um die Einschränkung des Wellenlängenbereiches auf Basis der mittels PLSR berechneten Regressionskoeffizienten handelt.

Eine vertiefende Recherche wurde in den Bereichen der Chemie-, Pharma-, Bio- und Prozessanalytik durchgeführt, da das Arbeiten mit hochkorrelierten spektroskopischen Daten und deren Auswertung dort üblich ist.
Die von Mehmood [Meh12] zusammengefassten Methoden zur Variablenselektion basieren alle auf dem PLSR-Algorithmus, unterstützen die Kalibrierung von Regressionsmodellen und verbessern die Generalisierungsfähigkeit der Modelle. Zu diesen Ansätzen zählt auch die von Laerdi [Lea00] vorgestellte Kombination aus genetischem Algorithmus und der PLSR. Regressionsmethoden im Allgemeinen sind für die Vorhersage von Gleitkommawerten ausgelegt und optimiert, nicht für den Einsatz als Klassifikationsmodell. Kann

eine geeignete Zielgröße gefunden werden, ist ein Einsatz im Gebiet der Klassifikation möglich [Pon04].
Xiaobo [Xia10] gibt auf dem Gebiet der Erstellung von Regressionsmodellen auf der Basis von Nahinfrarot-Spektren neben der Nutzung von Regressionsmethoden noch einen Überblick über Methoden wie die wissensbasierte manuelle Selektion von Variablen sowie die Nutzung von neuronalen Netzen oder genetischen Algorithmen.

Saeys [Sae07] fasst Methoden zur Merkmalsextraktion auf dem Anwendungsgebiet der Bioinformatik zusammen deren Schwerpunkt auf der Analyse von Gensequenzen liegt. Das Teilgebiet der Analyse von Massespektren kommt dem der vorliegenden Transmissionsspektren am Nächsten. Neben parametrischen Tests wie dem t-Test, nutzen einige Arbeiten auf diesem Gebiet die Wichtungsfaktoren von trainierten Support-Vektor-Maschinen (SVM) oder neuronalen Netzen um die Eingabedimensionalität zu reduzieren. Die Mehrzahl der Arbeiten basieren auf der klassischen Methode der Vorwärtsselektion.

Araújo [Ara01] präsentiert den *Successive Projection Algorithm (SPA)* zur Variablenselektion für die multivariate Kalibrierung auf Basis der Multi-Linearen-Regression (MLR). Diese Methode ist vorwärtsselektierend und startet mit einer Variablen. Auf Basis dieser Startvariablen wird nachfolgend in jeder Iteration eine Variable hinzugefügt, bis die Zielzahl F erreicht ist. Angestrebt wird dabei, durch aufeinander aufbauende Vektorprojektionen eine Variablenkette zu extrahieren, deren Informationsgehalt eine minimierte Redundanz aufweist. Pontes [Pon04] verbindet den SPA, durch Einführung einer Kostenfunktion (Risiko der Fehlklassifikation) als Zielgröße für die MLR, mit der LDA als Klassifikator. Dies kommt dem vorliegenden Anwendungsfall am Nächsten. Wenn die initiale Variable bekannt ist, benötigt der SPA bei der Auswahl von F aus M Merkmalen $(F-1) \cdot (M-F/2)$ Projektionsschritte. Ist diese nicht bekannt, so erhöht sich der Aufwand auf $M \cdot (F-1) \cdot (M-F/2)$ Schritte plus M Trainings- und Validierungsschritte, um aus den erstellten Variablenketten die Beste auswählen zu können.

Unter den klassischen Methoden aus der Mustererkennung ist im Hinblick auf die Anforderungen aus Abschnitt 1.2 und dem Gesichtspunkt der Dimensionalitätsreduktion und Variablenselektion zur Anwendung auf Transmissionsspektren keine zufriedenstellende Lösung zu finden. Aus den anderen Fachbereichen waren die etablierten Methoden zur Datenanalyse von spektroskopischen Daten meist auf Regressionsansätze ausgelegt.
Der Ansatz von [Pon04] stellt bereits eine gute Lösung dar, um eine wählbare Anzahl von schwach korrelierten Variablen zu ermitteln. Die Auswahl der daraus besten Kombination wird dann einem beliebigen nachgestellten Klassifikator überlassen. Der Ansatz ist zudem flexibler und weniger rechenintensiv als die klassische Vorwärtsselektion von Variablen, was den Zeitaufwand

reduziert. Ein Nachteil bleibt: In die Variablenselektion selbst fließen keine Informationen zur Unterscheidung der Gruppen ein, was, wie schon bei der klassischen Vorwärtsselektion, zur Folge haben kann, dass für die Klassifikation signifikante Variablenkombinationen übersehen werden.

Inhalt der vorliegenden Arbeit ist ein neu entwickelter Ansatz, der den nativen Merkmalsraum iterativ auf eine wählbare Variablenanzahl F reduziert und die Variablenselektion parametergestützt vornimmt. Die Methode kombiniert in jeder Iteration die PCA und einen linearen Klassifikator und wird nachfolgend als rekursives Transformationsverfahren (RTV) bezeichnet. Das gezielt einfach gewählte Klassifikationsmodell besteht am Ende aus F Wichtungsfaktoren und einer Entscheidungsschwelle. Anhand des zulässigen Klassifikationsfehlers ist zu beurteilen wie der Ansatz zu parametrieren ist und wie viele Variablen für die Klassifikation notwendig sind.

Kapitel 2
Theoretische Grundlagen

2.1 Spektroskopische Daten

Spektroskopische Daten (nachfolgend auch Spektren genannt) spiegeln die Zerlegung von Strahlung nach einer bestimmten Eigenschaft (beispielsweise der Wellenlänge) wider. Man findet sie überwiegend in den Bereichen der Chemie-, Pharma-, Bio- und Prozessanalytik, meist mit dem Ziel

- die Zusammensetzung untersuchter Proben zu bestimmen,
- die Konzentration von bekannten Bestandteilen zu ermitteln oder
- Messgeräte zu kalibrieren.

Die Abbildungen 2.1 bis 2.4 zeigen vier Beispiele für spektroskopische Daten. Neben der Vielzahl an Beobachtungswerten, die je nach Auflösung des Spektrometers mehrere 100 bis mehrere 1000 umfassen können, ist allen Spektren gemein, dass die Beobachtungswerte benachbarter Wellenlängen stark korrelieren. Eine Stichprobe mehrerer Spektren lässt sich beschreiben als Datenmatrix $\boldsymbol{X}^{(M \times N)}$, wobei Mder Anzahl der Wellenlängen (Variablen) und N der Anzahl der erfassten Spektren (Beobachtungen) entspricht. Je nach Aufwand der Datenerhebung liegen oft weniger Beobachtungen als Variablen vor, was neben der hohen Korrelation die Analyse der Daten (u.a. auch die Ausreißererkennung) zusätzlich erschwert. Die grundlegenden Methoden zur Vorverarbeitung von Spektren, wie

- Transformation,
- Glättung,
- Normierung,
- Ableitungen,
- Basislinienkorrektur und
- Korrektur von Streueffekten

sowie deren Vergleich sind in [Kes07] im Kapitel „Datenvorverarbeitung bei Spektren“ zu finden.

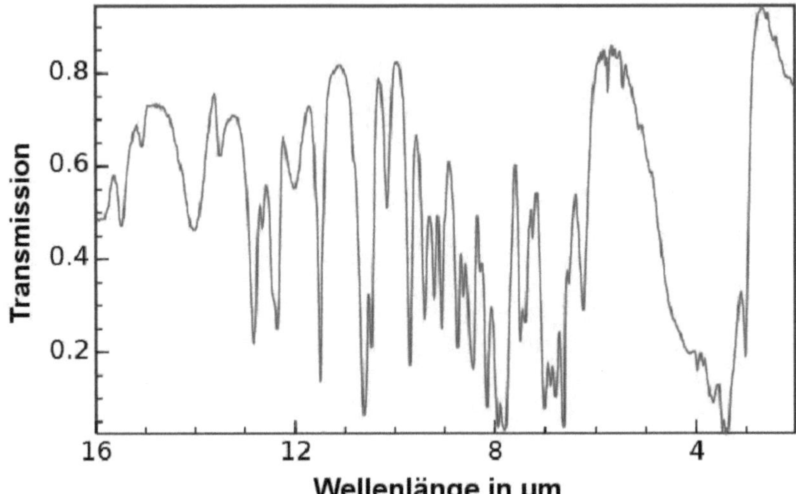

Abb. 2.1 normiertes Infrarot-Transmissions-Spektrum des Hormons Adrenalin [ImgIR]

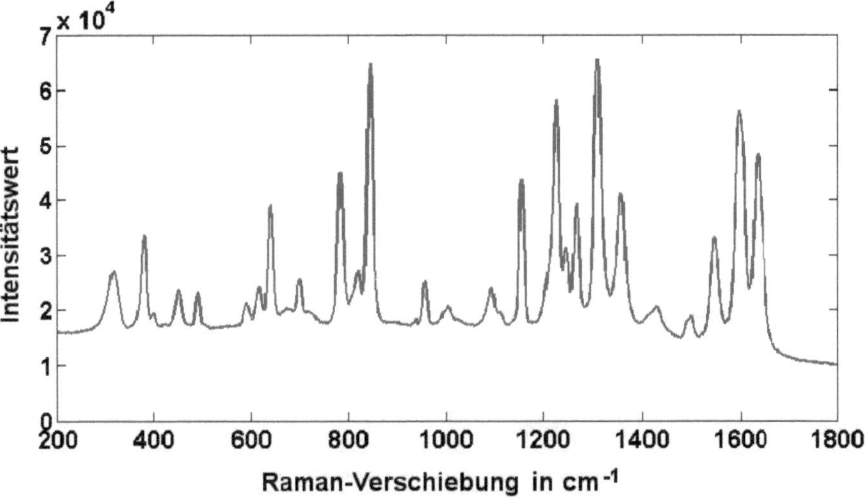

Abb. 2.2 Raman-Spektrum von Paracetamol, 1024 Messwerte

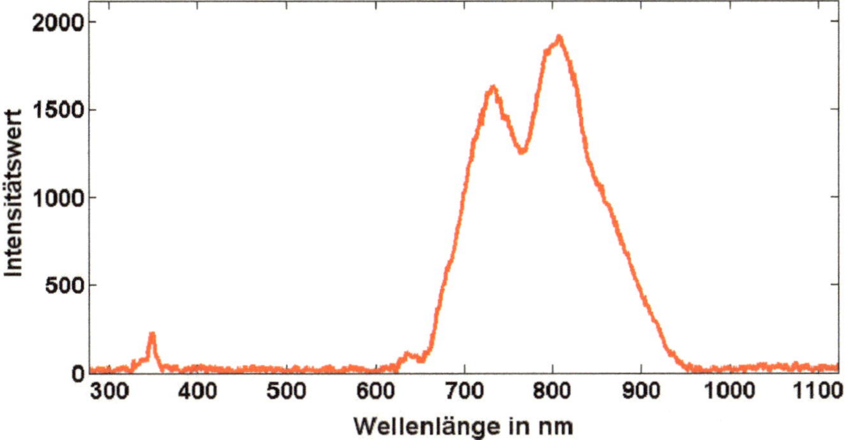

Abb. 2.3 Transmissions-Spektrum eines 14 Tage bebrüteten braunen Hühnereies (Lichtquelle: Halogenglühlampe), 600 Messwerte

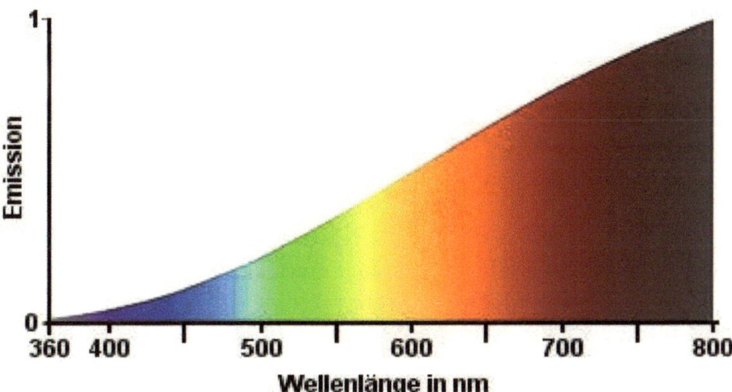

Abb. 2.4 normiertes Emissions-Spektrum einer Glühlampe [ImgES]

Die in der multivariaten Datenanalyse etablierte Methode der Standardisierung über die Variablen (jede Variable erhält dadurch den Erwartungswert Null und die Varianz Eins), in der mathematischen Statistik auch bekannt als z-Transformation, wird bei Spektren üblicherweise nicht angewendet.
Am Beispiel von Absorptionsspektren würden damit „Bereiche ohne Absorption, die nur Rauschen enthalten, gleich stark bewertet wie Bereiche mit Absorption, die chemische Information enthalten und somit würde nur das Rauschen verstärkt" [Kes07].

2.2 Zweiklassenproblem

Ein Zweiklassenproblem liegt vor, wenn ein Merkmalsvektor $\mathbf{x}^{(n)}$ entweder der Klasse $\mathcal{C}_1$ oder der Klasse $\mathcal{C}_2$ angehört. Die Abbildungen 2.5, 2.6 und 2.7 zeigen drei Beispiele für Zweiklassenprobleme.

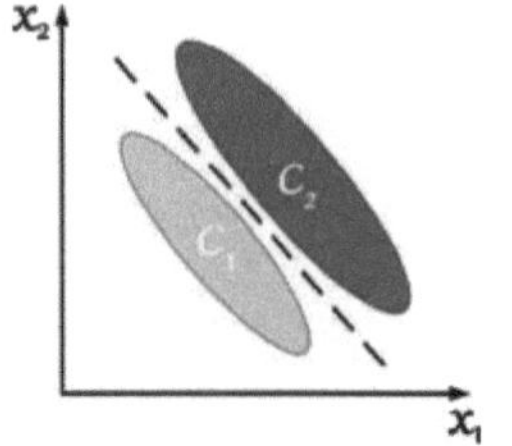

Abb. 2.5 Klassen sind linear separierbar

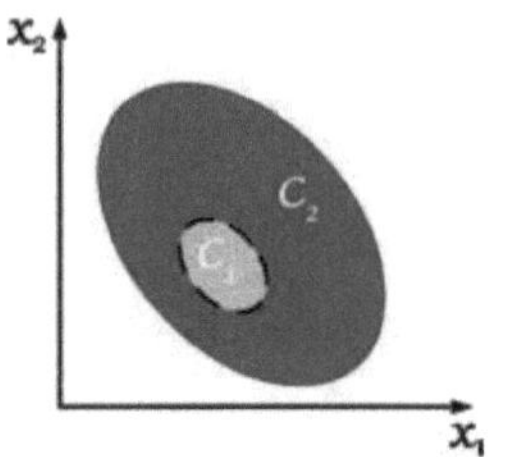

Abb. 2.6 Klassen sind nicht linear separierbar

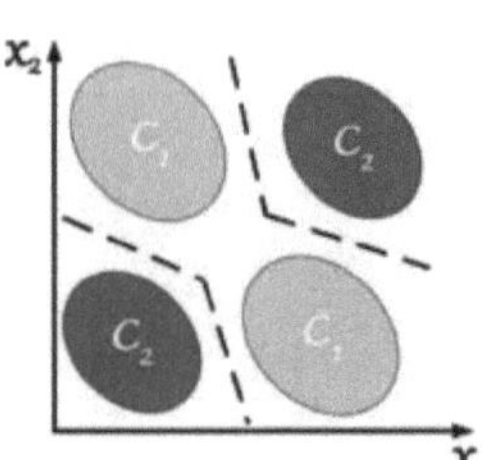

Abb. 2.7 XOR-Problem: Mehrere Ballungsräume pro Klasse $\rightarrow$ nicht linear separierbar

In Anlehnung an die Testtheorie (s. [Rin08]) kann ein Zweiklassenproblem auch allgemein durch ein Hypothesenpaar formuliert werden. Die Nullhypothese lautet

$$\mathcal{H}_0^{(i)} : \mathbf{x}^{(n)} \in \mathcal{C}_i \text{ mit } i = 1 \ldots C \tag{2.1}$$

und die Gegen- bzw. Alternativhypothese

$$\mathcal{H}_1^{(i)} : \mathbf{x}^{(n)} \notin \mathcal{C}_i \text{ mit } i = 1 \ldots C, \tag{2.2}$$

wobei C die Anzahl der vorhandenen Klassen bezeichnet. Mit Hilfe dieser Formulierung können auch Klassifikationsaufgaben die mehr als zwei Klassen umfassen ($C > 2$) durch C Zweiklassenprobleme dargestellt werden.

Existieren nur zwei Klassen $\mathcal{C}_1$ und $\mathcal{C}_2$ und wird auf eine Rückweisungsklasse[1] verzichtet, so ist die Alternativhypothese $\mathcal{H}_1^{(1)} : \mathbf{x}^{(n)} \notin \mathcal{C}_1$ gleichbedeutend zur Nullhypothese $\mathcal{H}_0^{(2)} : \mathbf{x}^{(n)} \in \mathcal{C}_2$.

---

[1] Eine Rückweisungsklasse enthält die Beobachtungen, die mit dem gewählten Klassifikationsmodell nicht sicher einer bekannten Klasse zugeordnet werden können. Sie wird oft verwendet, wenn eine fehlerhafte Zuordnung mehr Kosten verursacht als ein Verwerfen der Beobachtung oder eine nachfolgende manuelle Zuordnung.

2.3 Grundmodell des Linearklassifikators für ein Zweiklassenproblem

Das Modell des Linearklassifikators findet Anwendung, wenn die zu trennenden Klassen im betrachteten Merkmalsraum linear separierbar sind. Der einfachste Fall tritt auf, wenn eine lineare Trennung bereits auf den beobachteten Variablen möglich ist (s. Abb. 2.5).
Der Klassifikator lässt sich dann durch die Unterscheidungsfunktion

$$g(\mathbf{x}) = \boldsymbol{\omega}^T \mathbf{x} + \omega_0 \tag{2.3}$$

und die Vorzeichenfunktion

$$G = \operatorname{sgn}(g(\mathbf{x})) \tag{2.4}$$

als Entscheidungsregel beschreiben ([Hof15] S. 54 ff.), wobei für die Klassenzuordnung gilt:

$$\mathbf{x} \in \begin{cases} \mathcal{C}_1 & \text{für } G < 0 \\ \mathcal{C}_2 & \text{für } G > 0 \\ \mathcal{C}_1 \text{ oder } \mathcal{C}_2 & \text{für } G = 0 \end{cases} \tag{2.5}$$

Die Struktur des Klassifikators kann für ein Zweiklassenproblem z.B. in Form eines einfachen neuronalen Netzes, wie in Abbildung 2.8 zu sehen, dargestellt werden.
Sind die Klassen mit Hilfe der beobachteten Variablen nicht trennbar so besteht die Möglichkeit, einzelne Variablen (Abb. 2.9) oder den gesamten Beobachtungsvektor (Abb. 2.10) so zu transformieren, dass in diesem neuen Merkmalsraum dann eine lineare Trennbarkeit der Klassen gegeben ist.

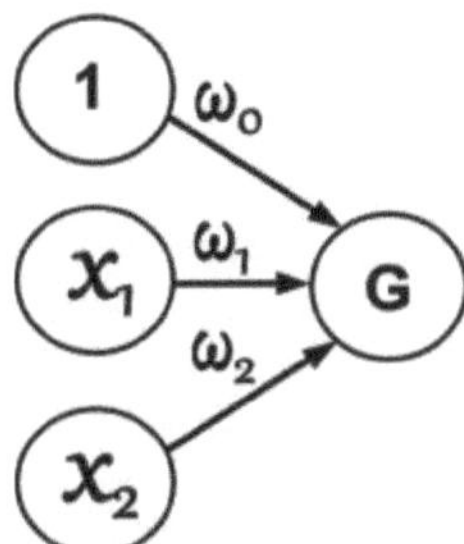

Abb. 2.8 Allgemeines Modell eines Linearklassifikators für ein Zwei-Klassenproblem auf Basis einzelner Variablen

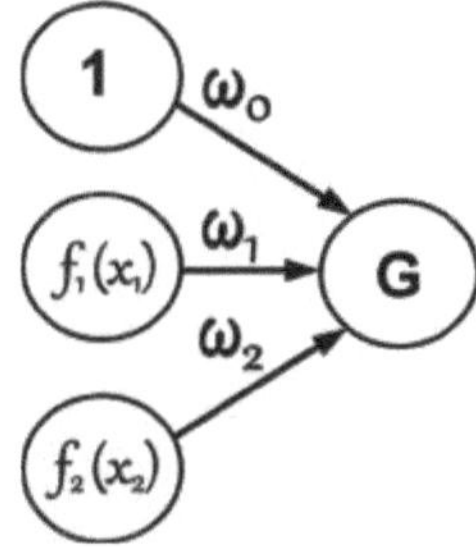

Abb. 2.9 Allgemeines Modell eines Linearklassifikators für ein Zwei-Klassenproblem auf Basis transformierter einzelner Variablen

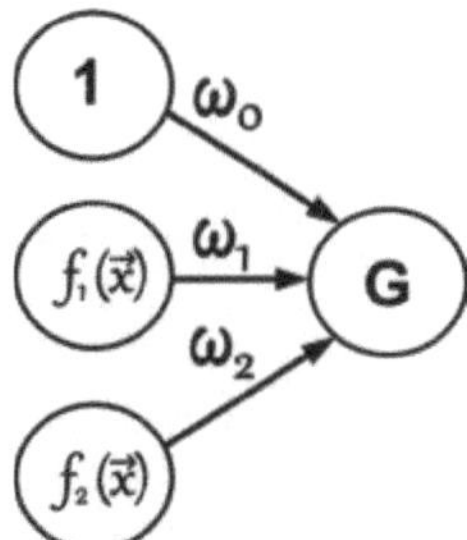

Abb. 2.10 Allgemeines Modell eines Linearklassifikators für ein Zwei-Klassenproblem auf Basis der Transformation des Beobachtungsvektors

2.4 Parametrische Klassifikationsmethoden

Die parametrischen Klassifikationsmethoden basieren auf der Annahme, dass die erhobenen Daten aus Verteilungen stammen, die einem bekannten Modell folgen und durch eine kleine Parameteranzahl definiert sind. Oft wird eine uni- oder multivariate Normalverteilung zugrunde gelegt.

2.4.1 Univariate und multivariate Normalverteilung

Die Beobachtungswerte eines Merkmales, welches in einem natürlichen Vorgang seinen Ursprung hat, folgen meist einer Normalverteilung. Wenn es sich um eine skalare Beobachtungsgröße $\mathcal{X}$ handelt, spricht man von einer **univariaten Normalverteilung** $\mathcal{X} \sim \mathcal{N}(\mu, \sigma^2)$ mit der Verteilungsdichte

$$f(x) = \frac{1}{\sigma\sqrt{2\pi}} \exp\left[-\frac{1}{2}\left(\frac{x-\mu}{\sigma}\right)^2\right]. \tag{2.6}$$

Sie lässt sich über den Mittelwert μ und die Varianz σ^2 vollständig beschreiben. Diese Verteilungsparameter sind meist unbekannt und durch Erheben einer Stichprobe zu schätzen. Als Maximum-Likelihood-Schätzer (MLS) für μ gilt der Stichprobenmittelwert (empirischer Mittelwert) m mit

$$m = \frac{1}{N}\sum_{n=1}^{N} x^{(n)}. \tag{2.7}$$

Wird der Mittelwert μ nach Gl. (2.7) geschätzt, so findet für σ^2 der erwartungstreue (unverzerrte) MLS - die Stichprobenvarianz s^2 - Anwendung mit

$$s^2 = \frac{1}{N-1}\sum_{n=1}^{N}(x^{(n)} - m)^2. \tag{2.8}$$

Liegen K Teilstichproben mit $N^{(i)}$ $(i = 1 \dots K)$ Beobachtungen und annähernd gleichen Stichprobenvarianzen $(s^{(i)})^2$ vor, so lässt sich aus diesen die vereinte (gepoolte) Stichprobenvarianz über Gleichung 2.9 berechnen.

$$s_p^2 = \frac{\sum_{i=1}^{K}(N^{(i)}-1)(s^{(i)})^2}{\sum_{i=1}^{K}(N^{(i)}-1)} = \frac{\sum_{i=1}^{K}(N^{(i)}-1)(s^{(i)})^2}{\left(\sum_{i=1}^{K} N^{(i)}\right) - K} \tag{2.9}$$

Analog zur univariaten Normalverteilung spricht man für eine vektorielle Beobachtungsgröße $\boldsymbol{\mathcal{X}}$ im M-dimensionalen Merkmalsraum von einer **multivariaten Normalverteilung** $\boldsymbol{\mathcal{X}} \sim \mathcal{N}(\boldsymbol{\mu}, \boldsymbol{\Sigma})$ mit der Verteilungsdichte

$$f(\mathbf{x}) = \frac{1}{(2\pi)^{M/2}\sqrt{\det(\boldsymbol{\Sigma})}} \exp\left[-\frac{1}{2}(\mathbf{x}-\boldsymbol{\mu})^T \boldsymbol{\Sigma}^{-1}(\mathbf{x}-\boldsymbol{\mu})\right]. \qquad (2.10)$$

Die Verteilungsdichte für den bivariaten Fall zeigt Abbildung 2.11.

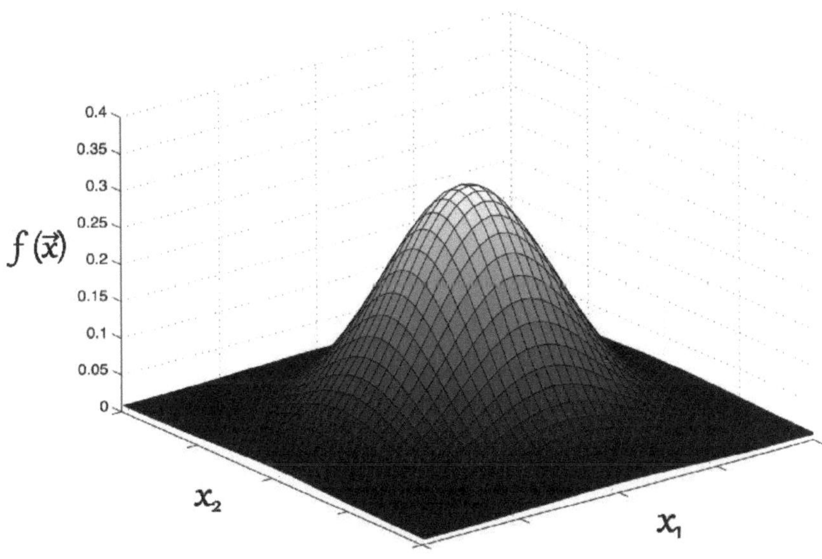

Abb. 2.11 Verteilungsdichte der bivariaten Normalverteilung (Darstellung aus [Alp10] S.95)

Sie wird vollständig beschrieben durch den Mittelwertvektor $\boldsymbol{\mu}$ und die Kovarianzmatrix $\boldsymbol{\Sigma}$. Die Hauptdiagonale von $\boldsymbol{\Sigma}$ enthält die Varianzen der M Merkmale, die Aufschluss über den Informationsgehalt der beobachteten Merkmale geben. Die Kovarianzen (Elemente der Nebendiagonalen) spiegeln lineare Korrelationen (Abhängigkeiten) zwischen den Merkmalen wider. Sind die Kovarianzen null, so sind die zugehörigen Merkmale voneinander linear unabhängig (Abb. 2.12 oben rechts).

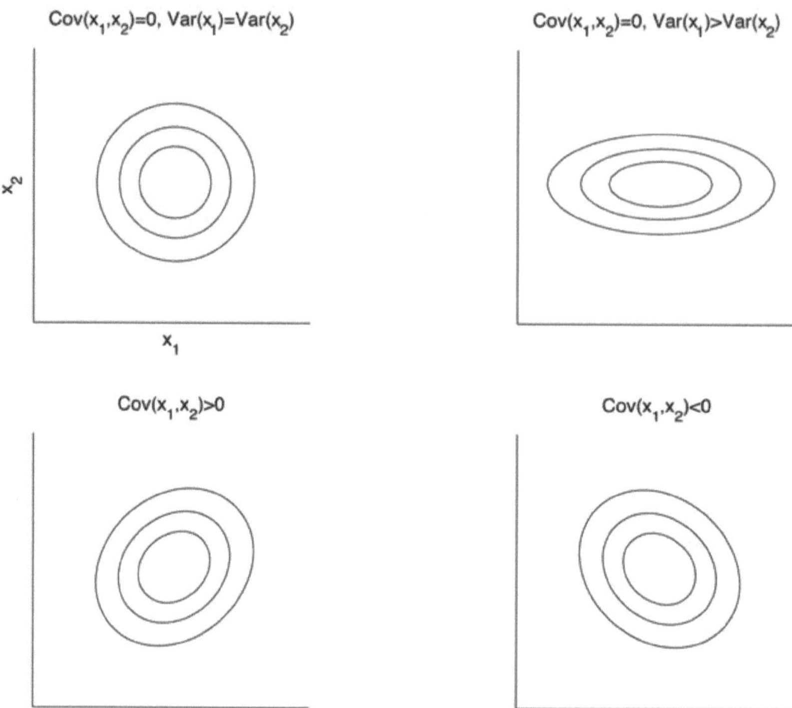

Abb. 2.12 Konturdiagramme vier verschiedener bivariater Normalverteilungen, deren Zentrum durch den Mittelwert gegeben ist. Die Kovarianzmatrix $\boldsymbol{\Sigma}$ bestimmt Form und Ausrichtung der Verteilung (Darstellung aus [Alp10] S.96)

Analog zur univariaten Normalverteilung (Gl. (2.6)), wo $(\frac{x-\mu}{\sigma})^2$ die quadratische Distanz zwischen x und μ in Vielfachen der Standardabweichung σ angibt und damit eine Normalisierung auf Einheitsvarianz beinhaltet, bezeichnet man

$$(\mathbf{x}-\boldsymbol{\mu})^T\boldsymbol{\Sigma}^{-1}(\mathbf{x}-\boldsymbol{\mu}) \tag{2.11}$$

als **Mahalanobis-Abstand**. Nach diesem Abstandsmaß erhält eine Variable weniger Gewicht, wenn sie eine größere Varianz als eine andere Variable aufweist und zwei hochkorrelierte Variablen leisten einen geringeren Beitrag als schwach korrelierte Variablen. „Die Nutzung der Umkehrung der Kovarianzmatrix hat somit den Effekt, alle Variablen auf die Einheitsvarianz zu standardisieren und Korrelationen zu eliminieren“[Alp10] Kapitel 5.4.

Besteht die Annahme, dass die Merkmalsvektoren einer multivariaten Normalverteilung folgen, so können die Verteilungs-Parameter $\boldsymbol{\mu}$ und $\boldsymbol{\Sigma}$ aus der vorliegenden Stichprobe geschätzt werden. Analog zu den Schätzern für die univariate Normalverteilung (Gl. (2.7) bis (2.9)) ergibt sich für den vektoriellen Stichprobenmittelwert $\mathbf{m}$

$$\mathbf{m} = \frac{1}{N}\sum_{n=1}^{N}\mathbf{x}^{(n)}, \tag{2.12}$$

für die Stichprobenkovarianzmatrix (empirische Kovarianzmatrix) $\boldsymbol{S}^{(M \times M)}$

$$\boldsymbol{S}^{(M \times M)} = \frac{1}{N-1}\sum_{n=1}^{N}(\mathbf{x}^{(n)} - \mathbf{m})(\mathbf{x}^{(n)} - \mathbf{m})^T \tag{2.13}$$

und für die vereinte Kovarianzmatrix

$$\boldsymbol{S}_p = \frac{\sum_{i=1}^{K}(N^{(i)} - 1)\boldsymbol{S}^{(i)}}{\sum_{i=1}^{K}(N^{(i)} - 1)} = \frac{\sum_{i=1}^{K}(N^{(i)} - 1)\boldsymbol{S}^{(i)}}{\left(\sum_{i=1}^{K} N^{(i)}\right) - K} = \sum_{i=1}^{K} P(i)\boldsymbol{S}^{(i)} \tag{2.14}$$

$$\text{mit } P(i) = \frac{(N^{(i)} - 1)}{\left(\sum_{i=1}^{K} N^{(i)}\right) - K}$$

[Alp10] Kapitel 4.2., 5.2 und 5.5.

Zur Beurteilung des linearen Zusammenhangs zweier Variablen wird der Korrelationskoeffizient $\text{corr}(\mathcal{X}_1, \mathcal{X}_2)$ verwendet, wobei gilt:

$$\text{corr}(\mathcal{X}_1, \mathcal{X}_2) = \frac{\text{cov}(\mathcal{X}_1, \mathcal{X}_2)}{\text{var}(\mathcal{X}_1) \cdot \text{var}(\mathcal{X}_2)}. \tag{2.15}$$

Dabei deutet ein Korrelationskoeffizient mit einem Wert nahe 0 darauf hin, dass kein linearer Zusammenhang zwischen den Zufallsvariablen $\mathcal{X}_1$ und $\mathcal{X}_2$ besteht. Für $\text{corr}(\mathcal{X}_1, \mathcal{X}_2) = 1$ bzw. $\text{corr}(\mathcal{X}_1, \mathcal{X}_2) = -1$ liegt dagegen ein positiver bzw. negativer linearer Zusammenhang zwischen den Zufallvariablen $\mathcal{X}_1$ und $\mathcal{X}_2$ vor. Die Korrelationskoeffizienten aller Variablen lassen sich dann in der Korrelationsmatrix $\boldsymbol{C}^{(M \times M)}$ zusammenfassen, wobei $c_{ij} = \text{corr}(\mathcal{X}_i, \mathcal{X}_j)$ mit $i, j = 1 \ldots M$. Alle Elemente der Hauptdiagonalen nehmen dabei den Wert 1 an.

2.4.2 Bayessche Entscheidungstheorie

Mit dem **Satz von Bayes**

$$P(\mathcal{C}|\mathbf{x}) = \frac{p(\mathbf{x}|\mathcal{C})P(\mathcal{C})}{p(\mathbf{x})} \tag{2.16}$$

wird die a-posteriori-Wahrscheinlichkeit $P(\mathcal{C}|\mathbf{x})$ berechnet, die angibt, mit welcher Wahrscheinlichkeit die Klasse $\mathcal{C}$ vorliegt, wenn $\mathbf{x}$ beobachtet wurde. Für die Berechnung wird die a-priori-Klassenwahrscheinlichkeit $P(\mathcal{C})$ einbezogen, welche die Wahrscheinlichkeit widerspiegelt, dass eine Beobachtung gemacht wird, die zur Klasse $\mathcal{C}$ gehört. Des Weiteren wird die Wahrscheinlichkeit $p(\mathbf{x}|\mathcal{C})$ benötigt, durch welche charakterisiert wird, dass der Merkmalsvektor $\mathbf{x}$ in der Klasse $\mathcal{C}$ beobachtet wird (Klassen-Likelihood). Der Normierungsterm $p(\mathbf{x})$ beschreibt die Wahrscheinlichkeit, dass der Merkmalsvektor $\mathbf{x}$ überhaupt beobachtet wird, unabhängig von der Klassenzugehörigkeit (Evidenz).

Wenn für alle Falschklassifikationen ein einheitlicher Schaden/Verlust angenommen werden kann, fällt die Zuordnungsentscheidung auf Basis der größten a-posteriori-Wahrscheinlichkeit.
Treten jedoch unterschiedliche Kosten/Folgen auf, so ist die Definition von Kostenfunktionen (auch als Risiko- oder Verlustfunktionen bezeichnet) notwendig. Dann fällt die Entscheidung auf der Basis der geringsten Kosten (nach [Alp10] Kapitel 3.2/3.3).

2.4.3 Likelihoodbasierte Methoden

Likelihoodbasierte Methoden legen die Annahme zugrunde, dass die Daten $\mathbf{x} \in \mathbb{R}^M$ einer multivariaten Normalverteilung $\mathcal{N}(\boldsymbol{\mu}, \boldsymbol{\Sigma})$ folgen (nach [Alp10] Kapitel 5.4). Sie werden außerdem als parametrische Methoden bezeichnet, da Verteilungsparameter, wie Mittelwert und Kovarianz, explizit aus vorliegenden Stichproben geschätzt werden.

Diskriminanzfunktionen basierend auf dem Satz von Bayes
(nach [Alp10] Kapitel 3.4)

Für ein Klassifikationsproblem mit C Klassen lassen sich C Diskriminanzfunktionen $g^{(i)}(\mathbf{x})$ auf Basis des Satzes von Bayes definieren als

$$g^{(i)}(\mathbf{x}) = \frac{p(\mathbf{x}|\mathcal{C}_i)P(\mathcal{C}_i)}{p(\mathbf{x})} \text{ mit } i = 1 \ldots C, \tag{2.17}$$

wobei die Evidenz $p(\mathbf{x})$ für alle Diskriminanzfunktionen gleich ist und damit keine Bedeutung für die Entscheidung besitzt. Gleichung (2.17) reduziert sich somit auf

$$g^{(i)}(\mathbf{x}) = p(\mathbf{x}|\mathcal{C}_i)P(\mathcal{C}_i) \tag{2.18}$$

mit der Entscheidungsregel:

$$\text{Wenn } g^{(i)}(\mathbf{x}) = \max_{j=1,\dots,C}\left(g^{(j)}(\mathbf{x})\right), \text{ dann } \mathbf{x} \in \mathcal{C}_i. \tag{2.19}$$

Die Wahrscheinlichkeit $p(\mathbf{x}|\mathcal{C}_i)$ der Klasse $\mathcal{C}_i$ lässt sich mittels der Verteilungsdichte der multivariaten Normalverteilung $\mathcal{N}(\boldsymbol{\mu}, \boldsymbol{\Sigma})$ wie folgt beschreiben:

$$p(\mathbf{x}|\mathcal{C}_i) = \frac{1}{(2\pi)^{M/2}\sqrt{\det(\boldsymbol{\Sigma}^{(i)})}} \exp\left[-\frac{1}{2}(\mathbf{x} - \boldsymbol{\mu}^{(i)})^T(\boldsymbol{\Sigma}^{(i)})^{-1}(\mathbf{x} - \boldsymbol{\mu}^{(i)})\right]. \tag{2.20}$$

Die Verteilungs-Parameter $\boldsymbol{\mu}^{(i)}$ und $\boldsymbol{\Sigma}^{(i)}$ müssen für jede Klasse aus einer vorliegenden Stichprobe geschätzt werden (s. Gleichung (2.12) und (2.13)).

Mit den Maximum-Likelihood-Schätzern $\mathbf{m}^{(i)}$ und $\boldsymbol{S}^{(i)}$ geht Gleichung (2.20) über in

$$p(\mathbf{x}|\mathcal{C}_i) = \frac{1}{(2\pi)^{M/2}\sqrt{\det(\boldsymbol{S}^{(i)})}} \exp\left[-\frac{1}{2}(\mathbf{x} - \mathbf{m}^{(i)})^T(\boldsymbol{S}^{(i)})^{-1}(\mathbf{x} - \mathbf{m}^{(i)})\right]. \tag{2.21}$$

Die Multiplikation in Gleichung (2.17) kann durch Logarithmierung von $g^{(i)}(\mathbf{x})$ und Nutzung der Logarithmengesetze in die Addition

$$g_{log}^{(i)}(\mathbf{x}) = \log(p(\mathbf{x}|\mathcal{C}_i)) + \log(P(\mathcal{C}_i)) \tag{2.22}$$

überführt werden, wobei die Anwendbarkeit der Entscheidungsregel (2.19) davon unberührt bleibt, da die Logarithmusfunktion streng monoton ist. Nach Einsetzen von Gl. (2.21) in Gl. (2.22) und einigen Umformungen ergeben sich quadratische Diskriminanzfunktionen der Form

$$g_{log}^{(i)}(\mathbf{x}) = \mathbf{x}^T\boldsymbol{W}^{(i)}\mathbf{x} + \mathbf{w}^{(i)T}\mathbf{x} + w_0^{(i)} \tag{2.23}$$

mit
$\boldsymbol{W}^{(i)} = -\frac{1}{2}\left(\boldsymbol{S}^{(i)}\right)^{-1}$

$\mathbf{w}^{(i)} = \left(\boldsymbol{S}^{(i)}\right)^{-1}\mathbf{m}^{(i)}$

$w_0^{(i)} = -\frac{1}{2}\left(\mathbf{m}^{(i)}\right)^T\left(\boldsymbol{S}^{(i)}\right)^{-1}\mathbf{m}^{(i)} - \frac{1}{2}\log\left(\det(\boldsymbol{S}^{(i)})\right) + \log\left(P(\mathcal{C}_i)\right).$

„Die Anzahl an hier zu schätzenden Parametern ist $C \cdot M$ für die Mittelwerte und $C \cdot M(M+1)/2$ für die Kovarianzmatrizen“[Alp10].

Dazu kommen noch C Parameter für die a-priori-Wahrscheinlichkeiten $P(\mathcal{C}_i)$. Durch Treffen weiterer Annahmen (s. Tabelle 2.1) gehen die quadratischen Diskriminanzfunktionen in lineare Diskriminanten der Form

$$g_{log}^{(i)}(\mathbf{x}) = \left(\mathbf{w}^{(i)}\right)^T \mathbf{x} + w_0^{(i)} \tag{2.24}$$

über und lassen sich bis hin zum Nächsten-Mittelwert-Klassifikator vereinfachen, wie [Alp10] in Kapitel 5.5 anschaulich erläutert.

Alternativ können die Diskriminanzfunktionen (basierend auf dem Ähnlichkeitsmaß) durch gleichwertige Distanzfunktionen $\mathrm{d}^{(i)}(\mathbf{x})$ ersetzt werden. Dann wird der Merkmalsvektor $\mathbf{x}$ der Klasse zugeordnet zu deren Prototypen er den geringsten Abstand aufweist. Die Entscheidungsregel lautet dann:

$$\text{Wenn } \mathrm{d}^{(i)}(\mathbf{x}) = \min_{j=1,\ldots,C} \left(\mathrm{d}^{(j)}(\mathbf{x})\right), \text{ dann } \mathbf{x} \in \mathcal{C}_i. \tag{2.25}$$

Bei Verwendung des Mahalanobis-Klassifikators im Zweiklassenfall kann die Diskriminante mit der Unterscheidungsfunktion

$$g_{log}(\mathbf{x}) = g_{log}^{(2)}(\mathbf{x}) - g_{log}^{(1)}(\mathbf{x}) \tag{2.26}$$

beschrieben werden. Daraus ergibt sich die Nutzbarkeit der Entscheidungsregel (2.4) und die Klassenzuordnung nach (2.5). Der Vektor $\boldsymbol{\omega}$ berechnet sich dann mit der vereinten Kovarianzmatrix $\boldsymbol{S}_p$ aus Gl. (2.14) über

$$\boldsymbol{\omega} = \boldsymbol{S}_p^{-1}(\mathbf{m}^{(2)} - \mathbf{m}^{(1)}) \tag{2.27}$$

und ω_0 durch

$$\omega_0 = -\frac{1}{2}(\mathbf{m}^{(2)})^T\boldsymbol{S}_p^{-1}\mathbf{m}^{(2)} + \frac{1}{2}(\mathbf{m}^{(1)})^T\boldsymbol{S}_p^{-1}\mathbf{m}^{(1)} + \log\left(P(\mathcal{C}_1)\right) - \log\left(P(\mathcal{C}_2)\right). \tag{2.28}$$

Bezeichnung	Annahmen	$\mathbf{w}^{(i)}$	$w_0^{(i)}$	Parameteranzahl
Mahalanobis	$\boldsymbol{S} = \boldsymbol{S}_p = \sum_{i=1}^{C} P(\mathcal{C}_i)\boldsymbol{S}^{(i)}$	$\boldsymbol{S}^{-1}\mathbf{m}^{(i)}$	$-\frac{1}{2}\left(\mathbf{m}^{(i)}\right)^T \boldsymbol{S}^{-1}\mathbf{m}^{(i)} + \log\left(P(\mathcal{C}_i)\right)$	C für $P(\mathcal{C}_i)$, $C \cdot M$ für $\mathbf{m}^{(i)}$, $M(M+1)/2$ für $\boldsymbol{S}$
Naive Bayes	$\boldsymbol{S}$ mit $s_{jk} = 0$ für $j \neq k$	$\sum_{j=1}^{M} \frac{m_j^{(i)}}{s_j^2}$	$-\frac{1}{2}\sum_{j=1}^{M} \frac{\left(m_j^{(i)}\right)^2}{s_j^2} + \log(P(\mathcal{C}_i))$	C für $P(\mathcal{C}_i)$,$C \cdot M$ für $\mathbf{m}^{(i)}$, M für $\boldsymbol{S}$
Euklidian	$\boldsymbol{S} = s^2\boldsymbol{I}$	$\frac{\mathbf{m}^{(i)}}{s^2}$	$-\frac{1}{2s^2}\left(\mathbf{m}^{(i)}\right)^T \mathbf{m}^{(i)} + \log(P(\mathcal{C}_i))$	C für $P(\mathcal{C}_i)$, $C \cdot M$ für $\mathbf{m}^{(i)}$, 1 für $\boldsymbol{S}$
Nächster Mittelwert	$\boldsymbol{S} = \boldsymbol{I}$ und $P(\mathcal{C}_i) = P(\mathcal{C}_j)$	$\mathbf{m}^{(i)}$	$-\frac{1}{2}\left(\mathbf{m}^{(i)}\right)^T \mathbf{m}^{(i)}$	$C \cdot M$ für $\mathbf{m}^{(i)}$

Tabelle 2.1 Lineare Diskriminanten

2.5 Beurteilung eines Klassifikators

Ein Klassifikator, der einen unbekannten Merkmalsvektor genau einer Klasse $\mathcal{C}_i$ zuordnet, kann mit der Konfusionsmatrix (*engl.: confusion matrix*) $\boldsymbol{H}$ anhand eines Testdatensatzes beurteilt werden. Diese Matrix ist auch unter den Bezeichnungen Verwechslungsmatrix und Wahrheitsmatrix zu finden und ein Spezialfall der Kontingenztafel.

Tabelle 2.2 zeigt den Aufbau der Matrix am Beispiel des binären Klassifikators.

	$\mathbf{x} \in \mathcal{C}_1$	$\mathbf{x} \in \mathcal{C}_2$
Klassifikatorergebnis: $\mathcal{C}_1$	$H(1,1)$ (richtig)	$H(1,2)$ (falsch)
Klassifikatorergebnis: $\mathcal{C}_2$	$H(2,1)$ (falsch)	$H(2,2)$ (richtig)

Tabelle 2.2 Aufbau der Konfusionsmatrix für einen binären Klassifikator (z.B. im Zweiklassenfall)

In der Hauptdiagonalen findet sich die Anzahl der richtigen Klassifikatorentscheidungen wieder, in den Nebendiagonalelementen die der falschen Entscheidungen. Beispielsweise gibt $H(1,2)$ die Anzahl der Fälle wieder in denen der Klassifikator eine Beobachtung $\mathbf{x}$ aus Klasse $\mathcal{C}_2$ fälschlicherweise der Klasse $\mathcal{C}_1$ zugeordnet hat. Bei einer Beobachtungsanzahl von

$$N = \sum_{i=1}^{C} \sum_{j=1}^{C} H(i,j) \tag{2.29}$$

lassen sich aus den absoluten Häufigkeiten als quantitative Gütemaße die Klassifikationsgenauigkeit A (*engl.: accuracy*) mit

$$A = \frac{\sum_{i=1}^{C} H(i,i)}{N} \tag{2.30}$$

und der Klassifikationsfehler E (*engl.: error*) mit

$$E = \frac{N - \sum_{i=1}^{C} H(i,i)}{N} = 1 - A \tag{2.31}$$

bestimmen.

2.6 Methoden zur Dimensionalitätsreduktion und Merkmalsextraktion

2.6.1 Hauptkomponentenanalyse

Die Hauptkomponentenanalyse (*engl.: Principal Component Analysis*, PCA) gehört zur Gruppe der linearen Vektortransformationen. Dabei wird über Gl. (2.32) ein M-dimensionaler Vektor $\mathbf{x}$ über eine Transformationsmatrix $\boldsymbol{W}^{(M \times M)}$ in einen M-dimensionalen Bildvektor $\mathbf{z}$ überführt [Hof15].

$$\mathbf{z} = \boldsymbol{W}^{(M \times M)}\mathbf{x} \tag{2.32}$$

Ausgangspunkt der PCA bildet die mittelwertfreie Datenmatrix $\boldsymbol{X}^{(M \times N)}$, die die N Merkmalsvektoren

$$\mathbf{x}^{(n)} = \mathbf{x}^{(n)}_{\mu \neq 0} - \mathbf{m} \text{ mit } n = 1...N \tag{2.33}$$

enthält, wobei $\mathbf{x}^{(n)}_{\mu \neq 0}$ einem mittelwertbehafteten Merkmalsvektor und $\mathbf{m}$ dem vektoriellen Stichprobenmittelwert nach Gleichung (2.12) entspricht.

Das Ziel der PCA ist es, $\boldsymbol{X}^{(M \times N)}$ so zu transformieren, dass die Redundanz minimiert und die - durch das Modell erklärte - Information maximiert wird. Die empirische Kovarianzmatrix, die nach Gl. (2.13) bestimmt wird, beschreibt sowohl die Information (Varianz) als auch die Redundanz (Kovarianzen) in den Daten.
Basierend auf den mittelwertfreien Daten entspricht die empirische Kovarianzmatrix der empirischen Autokorrelationsmatrix, so dass Gl. (2.13) in

$$\boldsymbol{S}^{(M \times M)} = \boldsymbol{X}^{(M \times N)}(\boldsymbol{X}^{(M \times N)})^T \tag{2.34}$$

übergeht.

Zum Entfernen der Redundanz müssen die Merkmale dekorreliert werden, was durch die Diagonalisierung von $\boldsymbol{S}^{(M \times M)}$ erreicht werden kann. Dies entspricht der Lösung des allgemeinen Eigenwertproblems

$$(\boldsymbol{A} - \lambda \boldsymbol{I})\mathbf{v} = 0 \tag{2.35}$$

mit $\boldsymbol{A} = \boldsymbol{S}^{(M \times M)}$.

Die Quadratwurzel aus dem Eigenwert $\lambda^{(i)}$ $(i = 1...M)$ entspricht der Varianz in Richtung des zugehörigen Eigenvektors $\mathbf{v}^{(i)}$ [Kes07]. Sind die M Dimensionen im ursprünglichen Merkmalsraum hochkorreliert, dann gibt es eine kleine Anzahl an Eigenvektoren mit hohen Eigenwerten [Alp10]. Zur Maximierung des Informationsgehaltes werden die Eigenwerte in absteigender Reihenfolge sortiert. Die zu den F größten Eigenwerten gehörenden Eigen-

vektoren werden bei der PCA als Transformationsvektoren $\mathbf{w}$ eingesetzt und spannen den neuen Merkmalsraum (Hauptkomponentenraum) auf. Dieser hat dann die Dimensionalität F mit $F < M$.
Die F Transformationsvektoren sind orthonormal (d.h. $\mathbf{w}^{(i)}(\mathbf{w}^{(i)})^T = 1$ und $\mathbf{w}^{(i)}(\mathbf{w}^{(j)})^T = 0$ für $i \neq j$) und jeder Transformationsvektor bildet eine Zeile der Transformationsmatrix $\boldsymbol{W}^{(F \times M)}$.

Die Abbildung der Merkmalsvektoren in den Hauptkomponentenraum erfolgt durch

$$\boldsymbol{Z}^{(F \times N)} = \boldsymbol{W}^{(F \times M)} \boldsymbol{X}^{(M \times N)} \tag{2.36}$$

Eine fehlerfreie Rekonstruktion der Ausgangsdaten kann durch

$$\boldsymbol{X}^{(M \times N)} = (\boldsymbol{W}^{(F \times M)})^T \boldsymbol{Z}^{(F \times N)} + \boldsymbol{E}^{(M \times N)} \tag{2.37}$$

beschrieben werden (adaptiert nach [Kes07]), wobei die Residuenmatrix $\boldsymbol{E}$ den Rekonstruktionsfehler beschreibt, der durch die Dimensionalitätsreduktion auftritt. Bleibt die Dimension unverändert ($F = M$), dann ist $\boldsymbol{W}$ orthogonal und es gilt $\boldsymbol{W}^{-1} = \boldsymbol{W}^T$. In diesem Fall verschwindet $\boldsymbol{E}$.

Eine ausführliche Darstellung und Diskussion der Methode ist z.B. in [Kes07] Kapitel 2 und [Alp10] Kapitel 6.3 enthalten.

Da die Hauptkomponentenanalyse keine Klasseninformationen einbezieht und daher als unüberwachtes Verfahren gilt [Alp10], kann die Reduktion der Dimensionalität Nachteile für eine anschließende Klassifikation mit sich bringen (Abb. 2.13).
Bei Anwesenheit von Variablen mit großer Varianz, die jedoch irrelevant für die Trennung der Klassen sind, besteht die Gefahr, relevante Variablen durch die Dimensionalitätsreduktion zu verwerfen. Derartiges kann nur durch eine vorangehende Standardisierung der Variablen vermieden werden, weshalb dies in der multivariaten Datenanalyse eine etablierte Methode ist. Alle Variablen gehen dadurch einheitsnormalverteilt ($\mathcal{X}_i \sim \mathcal{N}(\mu_i = 0, \sigma_i^2 = 1)$ mit $i = 1 \dots M$) in die PCA ein.
Für Spektren birgt diese Methode einen großen Nachteil. Da die Variablen gemessene Signalintensitäten widerspiegeln, würden Variablen im Bereich geringer Signalintensität den Variablen im Bereich großer Signalintensität gleichgestellt, was zur Erhöhung des Rauschens im Hauptkomponentenraum führt. Aus diesem Grund ist die Standardisierung der Variablen in Spektren nicht empfehlenswert [Kes07].

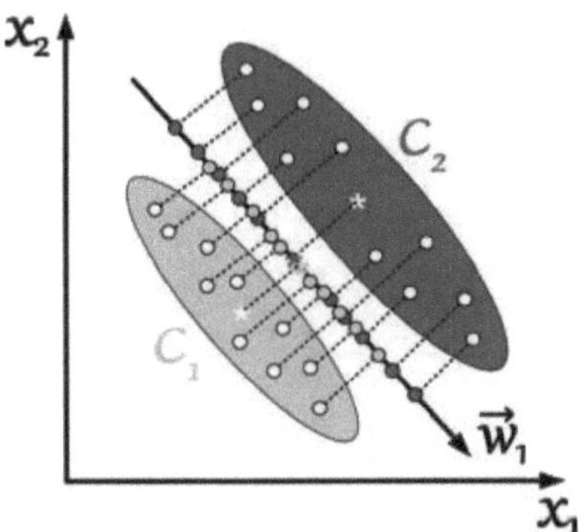

Abb. 2.13 PCA: Projektion der Beobachtungsvektoren $\mathbf{x}^{(n)}$ auf die erste Hauptkomponente $\mathbf{w}_1$, die in Richtung der größten Varianz zeigt. Die Trennbarkeit der Klassen wird nicht berücksichtigt.

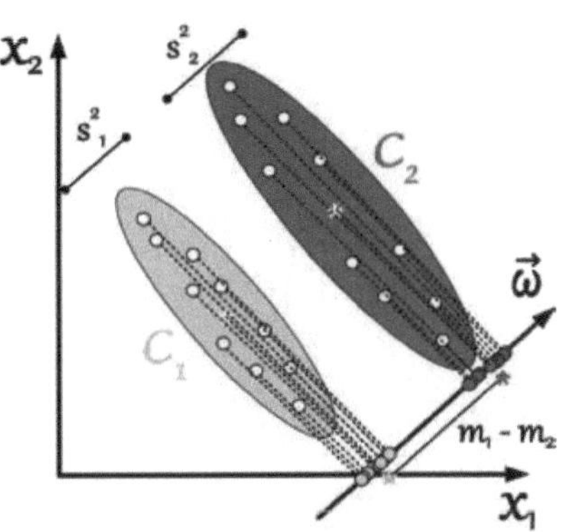

Abb. 2.14 LDA: Projektion der Beobachtungsvektoren $\mathbf{x}^{(n)}$ auf den Vektor $\boldsymbol{\omega}$, der mit Hilfe der LDA durch Maximierung des Diskriminanzkriteriums ermittelt wird. Die Trennbarkeit der Klassen ist optimal.

2.6.2 Lineare Diskriminanzanalyse (Fishers lineare Diskriminante)

Die lineare Diskrimananzanalyse (*engl.: Linear Discriminant Analysis*, LDA) ist ein überwachtes Verfahren zur Dimensionalitätsreduktion und Klassifikation für linear trennbare Klassifikationsprobleme. Eine ausführliche Darstellung ist in [Bac11] und [Alp10] zu finden, deren - für die vorliegende Arbeit - wichtigsten Inhalte nachfolgend zusammengefasst werden.

Die LDA hat zum Ziel i Abbildungen (Diskriminanzfunktionen)

$$g(\mathbf{x})^{(i)} = G^{(i)} = \boldsymbol{\omega}^{(i)T}\mathbf{x} + \omega_0^{(i)} \tag{2.38}$$

zu finden, in denen die Trennbarkeit der C Klassen optimal ist (Abb. 2.14). Dies wird durch die Maximierung der Klassenabstände (Streuung zwischen den Klassen) und die Minimierung der Klassenvarianzen (Streuung in den Klassen) ermöglicht (Abb. 2.15).

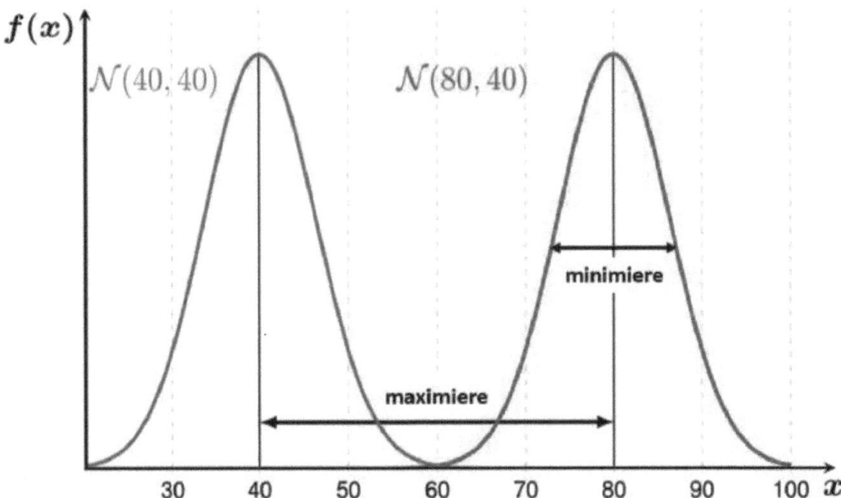

Abb. 2.15 Ziel der LDA für die Klassenverteilungen entlang $\boldsymbol{\omega}$ (s. Abb. 2.14): Maximierung des Klassenabstandes $m_1 - m_2$ und Minimierung der Varianzen s_1^2 und s_2^2 (adaptiert nach [ImgLDA])

Als Diskriminanzkriterium wird der Quotient aus Klassenabstand und vereinter Stichprobenvarianz, beschrieben durch

$$\Gamma = \frac{\sum_{i=1}^{C} N^{(i)}(\bar{G}^{(i)} - \bar{G})^2}{\frac{1}{N-C}\sum_{i=1}^{C}(N^{(i)} - 1)\operatorname{var}(G^{(i)})} = \frac{\sum_{i=1}^{C} N^{(i)}(\bar{G}^{(i)} - \bar{G})^2}{\frac{1}{N-C}\sum_{i=1}^{C}\sum_{n=1}^{N^{(i)}}(G^{(n,i)} - \bar{G}^{(i)})^2}, \tag{2.39}$$

verwendet (adaptiert nach [Bac11]). Dabei entspricht $\bar{G}^{(i)}$ dem Mittelwert aller Diskriminanzwerte aus Klasse $\mathcal{C}_i$, $\bar{G}$ dem Mittelwert aller Diskriminanzwerte und $G^{(n,i)}$ dem Diskriminanzwert der Beobachtung $\mathbf{x}^{(n)}$ aus der Klasse $\mathcal{C}_i$.

Um die Transformationsvektoren $\boldsymbol{\omega}^{(i)}$ und die Verzerrungen $\omega_0^{(i)}$ zu berechnen, ist zunächst das Optimierungsproblem

$$\max_{v_1,\ldots,v_M}\{\Gamma\} \text{ mit } \Gamma = \frac{\mathbf{v}^T\boldsymbol{B}\mathbf{v}}{\mathbf{v}^T\boldsymbol{S}_p\mathbf{v}} \tag{2.40}$$

zu lösen, d.h. die Vektorenwerte v_1 bis v_M sind so zu wählen, dass Γ maximal wird. $\boldsymbol{\omega}^{(i)}$ entspricht dann den normierten Vektoren $\mathbf{v}$ nach Gl. (2.43). Die Matrix $\boldsymbol{B}^{(M\times M)}$ enthält dabei die Streuung der M Merkmalsvariablen zwischen den Klassen und die Matrix $\boldsymbol{S}_p^{(M\times M)}$ die vereinte Streuung in den Klassen.

Die Matrix $\boldsymbol{B}$ berechnet sich durch

$$\boldsymbol{B}^{(M\times M)} = \sum_{i=1}^{C} N^{(i)}(\mathbf{m}^{(i)} - \mathbf{m})(\mathbf{m}^{(i)} - \mathbf{m})^T, \tag{2.41}$$

wobei $\mathbf{m}$ dem Stichprobenmittelwert nach Gleichung (2.12) über alle Beobachtungen entspricht und $\mathbf{m}^{(i)}$ analogerweise dem Mittelwert über die $N^{(i)}$ Beobachtungen der Klasse $\mathcal{C}_i$.

$\boldsymbol{S}_p$ entspricht der vereinten empirischen Kovarianzmatrix und beschreibt die Varianz der im Pool zusammengefassten Daten (vereinte/gepoolte Innergruppenvarianz). Sie kann mittels Gleichung (2.14) berechnet werden.

Die Lösung des Optimierungsproblem steckt wiederum in der Lösung des klassischen Eigenwertproblems nach Gl. (2.35). Die Matrix A ergibt sich hier aus dem Produkt $\boldsymbol{S}_p^{-1}\boldsymbol{B}$ für den Fall, dass $\boldsymbol{S}_p$ invertierbar ist.
Die Anzahl der bestimmbaren Eigenvektoren $\mathbf{v}$ und damit die Anzahl der Diskriminanzfunktionen liegt bei $C - 1$.

Im Fall von zwei Klassen existiert demnach nur eine Diskriminanzfunktion und ein Merkmalsvektor $\mathbf{x}$ wird auf einen Diskriminanzwert G

$$G = \boldsymbol{\omega}^T\mathbf{x} + \omega_0 \tag{2.42}$$

abgebildet.

Durch die Normierung des Eigenvektors $\mathbf{v}$ mit $s_g = \sqrt{\mathbf{v}^T\boldsymbol{S}_p\mathbf{v}}$ wird erzielt, dass die vereinte Stichprobenvarianz s_g^2 der Diskriminanzwerte G (Gl. (2.9)) den Wert 1 annimmt.
Der Transformationsvektor $\boldsymbol{\omega}$ ergibt sich damit zu

$$\boldsymbol{\omega} = \frac{1}{s_g}\mathbf{v}. \tag{2.43}$$

Der Translationsparameter ω_0 (Verzerrung, *engl. Bias*) berechnet sich über

$$\omega_0 = -\boldsymbol{\omega}^T\mathbf{m}. \tag{2.44}$$

Erfolgt eine Standardisierung von $\boldsymbol{\omega}$ nach

$$\boldsymbol{\omega}_s = \boldsymbol{\omega} \circ \mathbf{s}_p \text{ mit } (s_p)_j = \sqrt{(s_p)_{jj}} \text{ für } j = 1 \ldots M, \tag{2.45}$$

wobei $(s_p)_{jj}$ den Hauptdiagonalelementen der vereinten Kovarianzmatrix $\boldsymbol{S}_p$ entspricht, so kann die Trenngüte der einzelnen Merkmale aus dem Betrag der Elemente von $\boldsymbol{\omega}_s$ abgelesen werden. Merkmale, deren zugehöriger Wichtungsfaktor nahezu 0 ist, können verworfen werden, da sie für die Trennbarkeit der Klassen keine Bedeutung haben (adaptiert nach [Bac11] S. 214).

Ein Problem dieser Methode als auch des Mahalanobis-Abstandes besteht dann, wenn die Matrix $\boldsymbol{S}_p$ singulär und damit nicht invertierbar ist. Derartiges geschieht u.a. wenn mehr Merkmale als Beobachtungen vorliegen. Auch bei hochkorrelierten Daten kann dies auftreten.
Bei der Aufnahme von Spektren und Bildern tritt jedoch häufig der Fall auf, dass die Anzahl der Merkmale größer ist als die Zahl der Beobachtungen. Aus diesem Grund kann eine LDA nicht ohne vorherige Merkmalsreduktion (z.B. durch eine Hauptkomponentenanalyse) angewendet werden.
Ist die Anzahl der Beobachtungen mindestens so groß wie die Anzahl der Merkmale und die LDA damit direkt anwendbar, so wirken irrelevante Merkmale dennoch als Rauschen im Sinne der Klassifikation. Somit kann eine LDA mit allen verfügbaren Merkmalen eine schlechtere Abbildung zur Folge haben als eine LDA mit wenigeren, dafür aber relevanteren Merkmalen.

2.6.3 Partial Least Square Regression (PLSR)

Die *Partial Least Square Regression* ist für die multivariate Regression als Standardmethode etabliert. Besonders häufig wird dieser Algorithmus auf dem Gebiet der Spektroskopie sowie in Fachgebieten, in denen chemische oder physikalische Eigenschaften und Messgrößen eine Rolle spielen, eingesetzt. Dort wird meist versucht, i Zielgrößen $y^{(i)}$ mit Hilfe der Messwerte $\mathbf{x}$ vorherzusagen, also Regressionsmodelle der Form

$$y^{(i)}(\mathbf{x}) = \boldsymbol{\omega}^{(i)T}\mathbf{x} + \omega_0^{(i)} \tag{2.46}$$

aufzustellen.

Ähnlich zur PCA werden auch bei der PLSR Komponenten berechnet, die allerdings nicht orthogonal zueinander sein müssen, da die Komponenten mit Hinblick auf die Zielgrößen gedreht werden. Vorteil dieser Methode ist, dass die Zielgrößen berücksichtigt werden und deshalb meist weniger PLSR-Komponenten als Hauptkomponenten notwendig sind um die - hinsichtlich y wichtigen - Signalanteile abzubilden. Im Ergebnis der PLSR lassen sich aus den berechneten PLSR-Komponenten die Regressionskoeffizienten $\boldsymbol{\omega}$ und ω_0 bestimmen.
Eine ausführliche Beschreibung der Methode ist in [Kes07] zu finden.

Diese Methode lässt sich auch als linearer Klassifikator einsetzen, wenn die Klassenzugehörigkeit $\mathcal{C}$ numerisch ausgedrückt und als Zielgröße y verwendet wird. An einem Beispiel mit künstlich erzeugten 5-dimensionalen Merkmalsvektoren (Abb. 2.16) für die Klassen $\mathcal{C}_1$ (orange) und $\mathcal{C}_2$ (blau), die mit zwei Variablen linear separierbar sind, soll das Ergebnis der PLSR veranschaulicht werden.

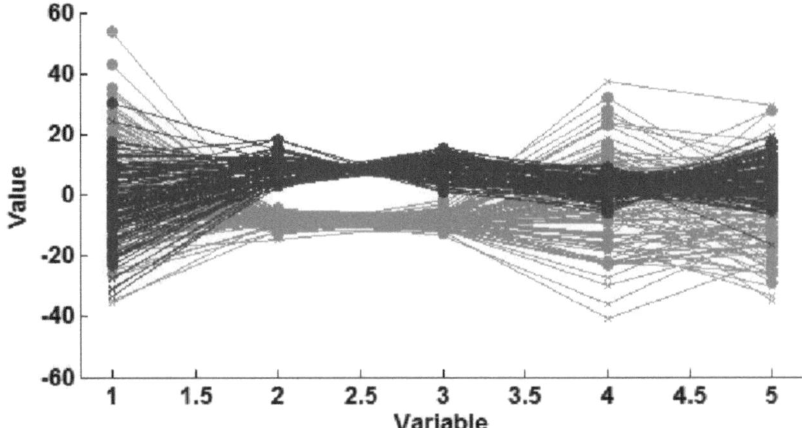

Abb. 2.16 5-dimensionale Ausgangsdaten der PLSR

Dabei wurde $y = 1$ für $\mathbf{x} \in \mathcal{C}_1$ und $y = 2$ für $\mathbf{x} \in \mathcal{C}_2$ verwendet.
Die Zusammensetzung des Datensatzes kann Tabelle 2.3 entnommen werden. Die aus drei PLS-Komponenten berechneten Regressionskoeffizienten

	$\mathbf{x} \in \mathcal{C}_1$	$\mathbf{x} \in \mathcal{C}_2$	N_{set}
$N_{Training}$	50	50	100
N_{Test}	50	50	100
$N_{\mathcal{C}}$	100	100	200

Tabelle 2.3 Einteilung der erzeugten Merkmalsvektoren in einen Trainingsdatensatz $N_{Training}$ und einen Testdatensatz N_{Test}

(Abb. 2.17) ermöglichen eine komplette Trennung der Klassen. Anhand der standardisierten Koeffizienten $\boldsymbol{\omega}_s$ (s. Gl. (2.45)) ist erkennbar, dass die Variablen 2 und 3 den größten Anteil zur Unterscheidung beitragen.
Abbildung 2.18 zeigt die Projektion der Merkmalsvektoren auf den Vektor $\boldsymbol{\omega}$. Überschneiden sich die Projektionen der Klassen nicht, so sind die Klassen linear separierbar. Gilt im Falle eines Zweiklassenproblems für alle Projektionen einer Klasse $G \leq 0$ und für die Projektionen der anderen Klasse $G \geq 0$, kann die Vorzeichenfunktion $\text{sgn}(G)$ als Entscheidungsregel verwendet werden (s. Abschnitt 2.3 Gleichung (2.4)).
Betrachtet man, wie schon bei der PCA, die Projektionen der Merkmalsvektoren auf die PLS-Komponenten, so ist eine starke Reduktion der Merkmalsanzahl, ausgehend von der nativen Variablenanzahl, möglich. Durch die Berücksichtigung der Zielgröße y sind die Projektionen hinsichtlich der Klassifikation zielführender als die PCA. Die berechneten Regressionskoeffizienten liefern Hinweise darauf, welche Variablen für das Ermitteln der Zielgröße von Bedeutung sind. Eine aktive Reduktion der Ausgangsvariablen findet jedoch

nicht statt. Vor allem bei hochkorrelierten Daten lässt sich so die Variablenanzahl nicht reduzieren, da anhand der standardisierten Koeffizienten ω_s oft kein klarer Unterschied ersichtlich wird.

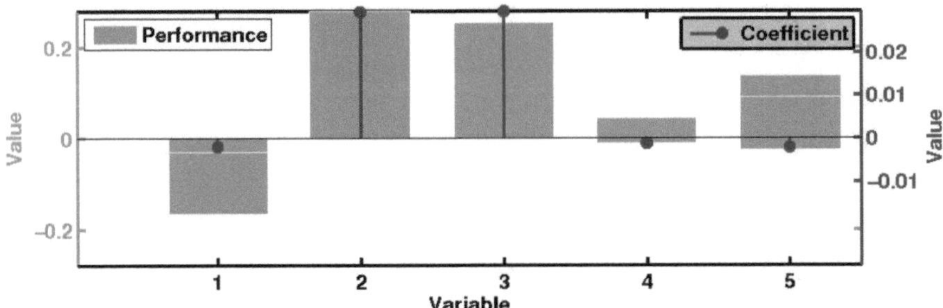

Abb. 2.17 Regressionskoeffizienten (blau) berechnet mit den ersten 3 PLS-Komponenten und die standardisierten Koeffizienten ω_s (orange) anhand derer die Trenngüte der Variablen ablesbar ist.

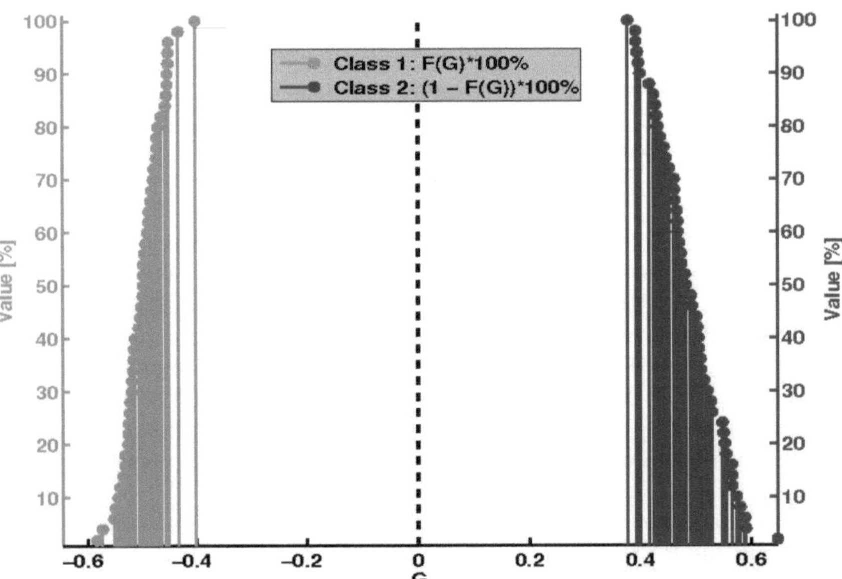

Abb. 2.18 Projektion der Merkmalsvektoren auf $\omega \rightarrow G$. Da die Projektionen alle auf einer Linie liegen würden, wurden zur besseren Visualisierung die Verteilungsfunktionen dargestellt.

2.6.4 Teilmengenselektion

Vorwärtsselektion (SFS)
Bei der Vorwärtsselektion wird mit einer leeren Menge $\mathcal{M}$ von ausgewählten Merkmalen begonnen und mit jeder Iteration das Merkmal ergänzt, mit welchem das Klassifikationsergebnis des ausgewählten Klassifikators auf dem Validierungsdatensatz am besten ist. Abbildung 2.19 zeigt die iterative Vorgehensweise. Bei M Merkmalen erfordert das Verfahren in jeder Iteration i für $i = 0$ bis $M - 1$ dann $M - i$ Durchläufe zum Finden des relevantesten Merkmals. Die Selektion kann abgebrochen werden, wenn die Abnahme des Klassifikationsfehlers zu gering ist oder wenn er wieder zunimmt. Wenn davon ausgegangen werden kann, dass viele irrelevante Merkmale existieren, dann ist die Vorwärtsselektion rechengünstiger als die Rückwärtsselektion, da meist die Komplexität des gewählten Klassifikators und damit die Trainingsgeschwindigkeit von der Anzahl der Merkmale abhängt.
Bei der Vorwärtsselektion kann es jedoch vorkommen, dass klassifikationsrelevante Merkmalskombinationen übersehen werden, weil die Merkmale - einzeln betrachtet - keine Bedeutung für die Klassifikation haben. In dem Fall, dass die Klassen durch eine bestimmte Anzahl von Merkmalen bereits fehlerfrei trennbar sind bzw. durch Hinzunahme weiterer Merkmale keine Reduktion des Klassifikationsfehlers mehr möglich ist, bleiben möglicherweise andere, die Klassen ebenfalls gut trennende, Merkmale unerkannt. Im Sinne der Prognosefähigkeit des Klassifikators ist das kein Verlust, jedoch im Sinne der Ursachenforschung, da nicht alle Merkmale, die eine hohe Trenngüte besitzen, gefunden werden.

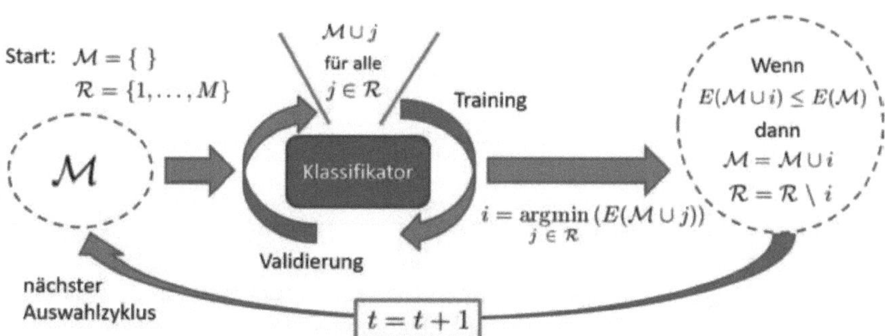

Abb. 2.19 Algorithmus der Vorwärtsselektion

Rückwärtsselektion (SBS)
Bei der Rückwärtsselektion wird mit der Menge aller verfügbaren Merkmale begonnen und mit jeder Iteration das Merkmal verworfen, ohne welches das Klassifikationsergebnis des ausgewählten Klassifikators auf dem Validie-

rungsdatensatz am besten ausfällt. Die Anzahl der Durchläufe beträgt wie bei der Vorwärtsselektion $M - i$. Die Selektion kann abgebrochen werden, wenn die Abnahme des Klassifikationsfehlers zu gering ist oder wenn er wieder zunimmt. Diese Methode ist rechenintensiver erhält aber relevante Merkmalkombinationen.

2.6.5 Successive Projection Algorithm (SPA)

Den *Successive Projection Algorithm (SPA)* präsentiert Araújo [Ara01] als Methode zur Variablenselektion für die multivariate Kalibrierung auf Basis der Multi-Linearen-Regression (MLR). Abbildung 2.20 zeigt den iterativen Selektionsprozess.

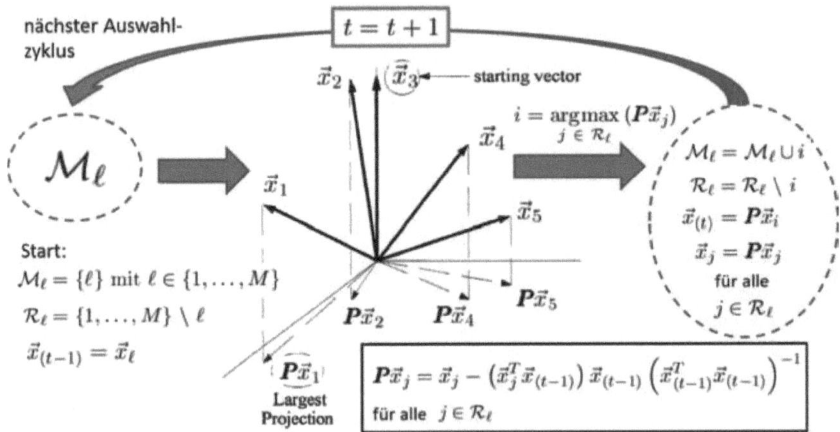

Abb. 2.20 *Successive Projection Algorithm (SPA)* adaptiert nach [Ara01]

Die Methode ist vorwärtsselektierend und startet mit einer Variablen. Auf Basis dieser Startvariablen wird nachfolgend in jeder Iteration eine Variable hinzugefügt bis die Zielanzahl F erreicht ist. Ziel dabei ist, durch aufeinander aufbauende Vektorprojektionen eine Variablenkette zu extrahieren, deren Informationsgehalt eine minimierte Redundanz aufweist.
Bei bekannter Startvariable $\mathcal{X}$ beinhaltet der initiale Vektor alle Beobachtungswerte der Startvariablen. Die nachfolgenden Schritte sind iterativ auszuführen. Die Anzahl der Iterationen richtet sich nach dem Zielumfang F der Variablenmenge und beträgt $F - 1$.

Schritt (1):
Projiziere alle Beobachtungsvektoren der bisher nicht gewählten Variablen

auf den Vektor, der zum Projektionsvektor der vorherigen Iteration orthogonal ist.
Schritt (2):
Die Variable, deren Beobachtungsvektor die längste Projektion aufweist, wird der Variablenkette hinzugefügt und der zugehörige Projektionsvektor bildet den Ausgangspunkt für die nächste Iteration.

Beendet ist die Prozedur, wenn die Variablenmenge den Umfang F erreicht hat. Die Anzahl der zu berechnenden Projektionsschritte beträgt $(F-1) \cdot (M-F/2)$.

Pontes [Pon04] verbindet den SPA, durch Einführung einer Kostenfunktion (Risiko der Fehlklassifikation) als Zielgröße für die MLR, mit der LDA als Klassifikator und ermöglicht damit eine Anwendung des SPA für Klassifikationsprobleme. Die initiale Variable $\mathcal{X}$ ist nicht bekannt, weshalb über den SPA M Variablenketten berechnet werden, die anschließend mittels der gewählten Kostenfunktion verglichen werden. Der Aufwand erhöht sich dadurch auf $M \cdot (F-1) \cdot (M-F/2)$ Projektionsschritte und zusätzliche M Trainings- und Validierungsschritte, um aus den erstellten Variablenketten die Beste auswählen zu können.
In die Variablenselektion selbst fließen keine Informationen zur Unterscheidung der Gruppen ein, was wie schon bei der klassischen Vorwärtsselektion zur Folge haben kann, dass für die Klassifikation signifikante Variablenkombinationen unbeachtet bleiben.

Kapitel 3
Rekursive Merkmalsextraktion für ein Zweiklassenproblem

3.1 Eine neu entwickelte Methode: Das rekursive Transformationsverfahren (RTV)

Den Ausgangspunkt bildet die mittelwertfreie Datenmatrix $\boldsymbol{X}^{(M \times N)}$ nach Gleichung (2.33). Jede Spalte enthält einen Vektor $\mathbf{x}^{(n)}$ mit den Beobachtungswerten für M Merkmale. In Zeilenrichtung lassen sich die zu einem Merkmal gehörigen N Beobachtungswerte entnehmen.

Iterativ werden dann die drei nachfolgenden Schritte ausgeführt (vgl. Abb. 3.3), wobei t als Iterationszähler verwendet wird und vor der ersten Iteration gilt: $\mathbf{x}^{(n|t=1)} = \mathbf{x}^{(n)}$.

Schritt (1): Mit der Datenmatrix $\boldsymbol{X}^{((M \times N)|t)}$ wird eine Hauptkomponentenanalyse nach Kapitel 2.6.1 durchgeführt. Dabei wird die Anzahl der neuen Merkmale auf $F^{(t)}$ Hauptkomponenten beschränkt, wobei $F^{(t)}$ maximal den Wert $\min(N, M)$ annehmen kann und $F^{(t)} \leq F^{(t-1)}$ gilt.

Schritt (2): Die Matrix $\boldsymbol{Z}^{((F^{(t)} \times N)|t)}$, welche die Abbildungen $z^{(n|t)}$ der N Beobachtungen enthält, bildet die Basis für eine lineare Diskriminanzanalyse nach Abschnitt 2.6.2, wodurch die Klasseninformationen berücksichtigt werden. Da es sich um ein Zweiklassenproblem handelt ($C = 2$), liefert die LDA eine Diskriminanzfunktion nach Gleichung (2.42). Alternativ kann der Mahalanobis-Klassifikator aus Abschnitt 2.4.3 verwendet werden, der über Gl. (2.26) ein gleichwertiges Ergebnis liefert.

Schritt (3): Mit der Transformationsmatrix $\boldsymbol{W}^{(F^{(t)} \times M)|t)}$ aus der PCA lässt sich $\boldsymbol{\omega}^{(t)}$ in den ursprünglichen Merkmalsraum überführen.

$$\boldsymbol{\omega}^{(o|t)} = \left(\boldsymbol{W}^{((F^{(t)} \times M)|t)}\right)^T \boldsymbol{\omega}^{(t)} \tag{3.1}$$

Anschließend wird jeder Datenvektor $\mathbf{x}^{(n|t)}$ mit den rücktransformierten Koeffizienten $\boldsymbol{\omega}^{(o|t)}$ elementweise multipliziert.

$$\mathbf{x}^{(n|t+1)} = \boldsymbol{\omega}^{(o|t)} \circ \mathbf{x}^{(n|t)} \text{ mit } n = 1 \ldots N \tag{3.2}$$

Durch die Multiplikation wird die Diskriminante den Daten aufgeprägt. Die Varianz der klassifikationsrelevanten Variablen erhöht sich und die der irrelevanten wird vermindert. Die Vektoren $\mathbf{x}^{(n|t+1)}$ bilden die Spalten der Datenmatrix $\boldsymbol{X}^{((M \times N)|t+1)}$ für den nächsten Durchlauf. Das Aufprägen der Diskriminanzfunktion bewirkt bei der darauffolgenden PCA ein Drehen der Eigenvektoren, die die größten Eigenwerte besitzen, in Richtung der relevanten Variablen.

Nach T Iterationen verbleiben F Wichtungsfaktoren mit dem Wert 1. Dann kann abgebrochen werden, da keine Veränderung des Signales mehr stattfindet. Nachfolgend wird diese Methode als **rekursives Transformationsverfahren RTV** bezeichnet.

Die Anzahl F kann in allen Iterationen den gleichen Wert annehmen oder im Verlauf des Verfahrens reduziert werden. Ein Ansatz zur Reduktion ist die Verwendung des Trenngütebetrages $|\omega_s|$ (s. Gleichung (2.45)) der einzelnen Hauptkomponenten als Bewertungskriterium. Pro Iteration kann beispielsweise ein gewählter Prozentsatz an Hauptkomponenten verworfen werden, deren Trenngüte am geringsten ist. Ein weiterer Ansatz ist die Berechnung der Beiträge der Hauptkomponenten zur Klassentrennung. Die F Beitragswerte U ergeben sich dann durch

$$U_j = \frac{|(\omega_s)_j|}{\sum_{i=1}^{F} (\omega_s)_i} \text{ mit } j = 1 \ldots F. \tag{3.3}$$

Pro Iteration können beispielsweise die Hauptkomponenten verworfen werden, deren Beitrag zur Klassentrennung zu gering ist. Diese beiden Reduktionsansätze ermöglichen einen Start des Algorithmus mit einer größeren Hauptkomponentenanzahl $F^{(t=1)}$, so dass auch Signalanteile mit geringerer Varianz berücksichtigt werden können und dennoch eine Reduktion auf die gewünschte Anzahl von $F^{(t=T)}$.
Abbildung 3.3 zeigt den Ablauf der ersten Iteration am Beispiel der in Abschnitt 2.6.3 vorgestellten Daten (Abb. 2.16). Hier wurde für alle Iterationen $F = 2$ gewählt. Durch die Nutzung der Klasseninformation im Reduktionsprozess kann eine Trennbarkeit der Klassen auf Basis weniger Hauptkomponenten ermöglicht und/oder verbessert werden. Die Abbildungen 3.1 und 3.2 zeigen durch den Vergleich der Bildwerte aus der ersten und der letzten Iteration die Wirkung der iterativen Aufprägung auf die ersten beiden Hauptkomponenten Z_1 und Z_2.

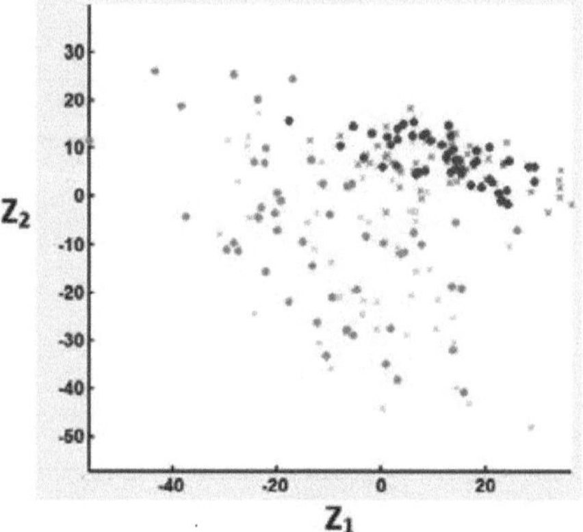

Abb. 3.1 Biplot der Hauptkomponenten $Z_1^{(t=1)}$ und $Z_2^{(t=1)}$ (erste Iteration). Die Klassen liegen nah beieinander und lassen sich nicht fehlerfrei trennen.

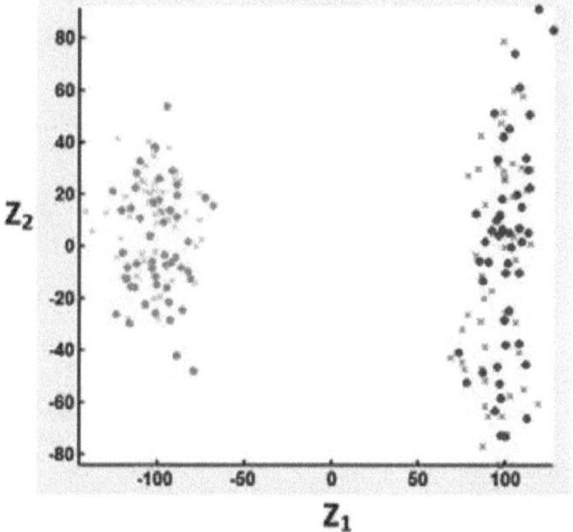

Abb. 3.2 Biplot der Hauptkomponenten $Z_1^{(t=8)}$ und $Z_2^{(t=8)}$ (letzte Iteration). Die Klassen liegen weit auseinander und lassen sich mit Z_1 fehlerfrei trennen.

Aus Abbildung 3.4, dem Ergebnis der achten und letzten Iteration wird ersichtlich, dass die Koeffizienten $\omega^{(o|t=8)}$ der Variablen 2 und 3 den Wert 1 angenommen haben, die der Variablen 1, 4 und 5 den Wert 0. Weitere Iterationen bewirken keine Veränderung mehr.

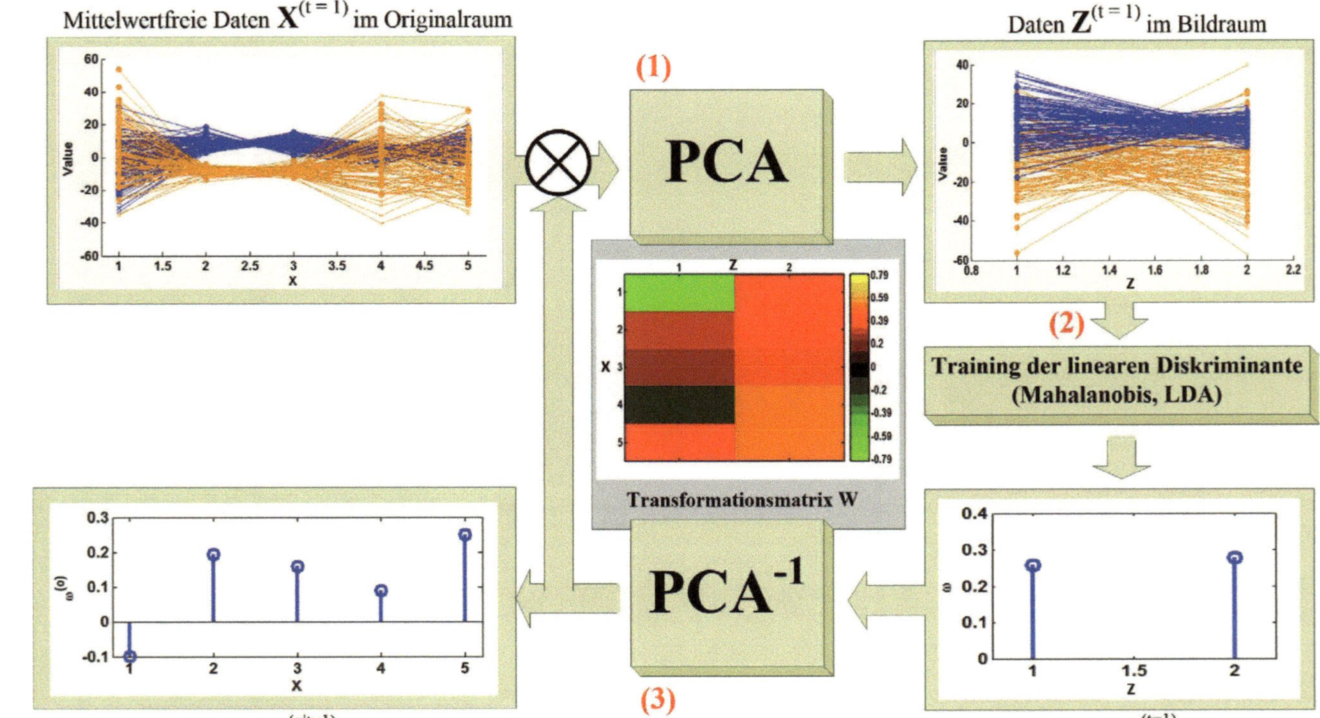

Abb. 3.3 Ablauf der ersten Iteration am Beispiel mit fünf Variablen und der Wahl von konstant $F = 2$. Ausgangspunkt bildet die mittelwertfreie Datenmatrix $\boldsymbol{X}^{((M\times N)|t=1)}$; (1): PCA auf den Ausgangsdaten und anschließende Transformation in den Hauptkomponentenraum führt zu $\boldsymbol{Z}^{((F\times N)|t=1)}$; (2): Training des Linearklassifikators mittels Mahalanobis-Abstand oder LDA um die Wichtungsfaktoren $\boldsymbol{\omega}^{(t=1)}$ zu erhalten; (3): Rücktransformation von $\boldsymbol{\omega}^{(t=1)}$ zu $\boldsymbol{\omega}^{(o|t=1)}$; anschließend Multiplikation aller Ausgangsvektoren $\mathbf{x}^{(n|t=1)}$ mit $\boldsymbol{\omega}^{(o|t=1)}$

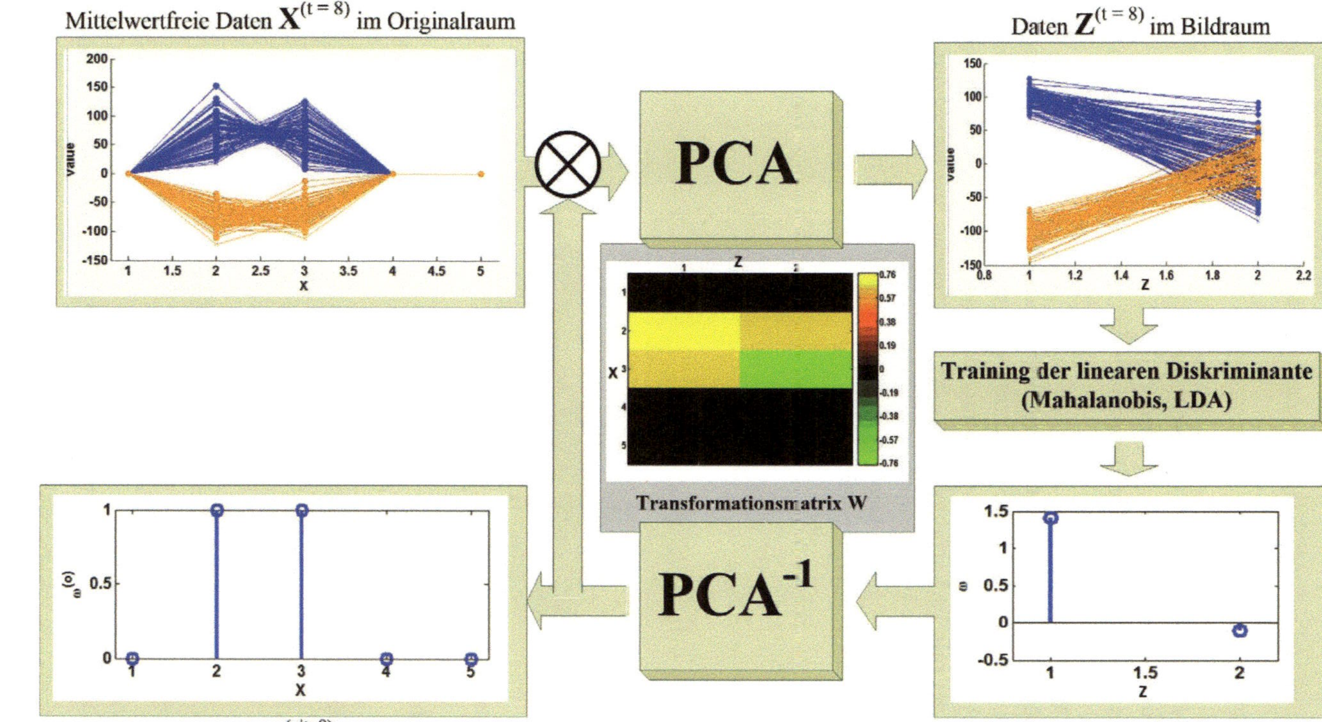

Abb. 3.4 Ergebnis der letzten Iteration am Beispiel mit fünf Variablen. Die Variablen 2 und 3 sind erhalten geblieben.

3.2 Beispiel: Variablenselektion bei linear trennbaren Klassen

In diesem Beispiel soll die Selektion von drei Variablen mittels der Methoden

- SFS (Vorwärtsselektion),
- SBS (Rückwärtsselektion),
- PLSR (*Partial Least Square Regression*),
- SPA (*Successive Projection Algorithm*) und
- dem hier vorgestellten RTV (rekursives Transformationsverfahren)

verglichen werden.

Um einen Vergleich zur bestmöglichen Variablenkombination darstellen zu können, müssen alle möglichen Kombinationen getestet werden. Dabei beträgt die Anzahl der möglichen Kombinationen $2^M - 1$. Für das gewählte Datenbeispiel mit 10 Variablen (Abb. 3.5), bestehend aus 400 Merkmalsvektoren, bedeutet das 1023 Kombinationsmöglichkeiten.
Die Aufteilung der Merkmalsvektoren in einen Trainings- und Testdatensatz ist in Tabelle 3.1 zusammengefasst.

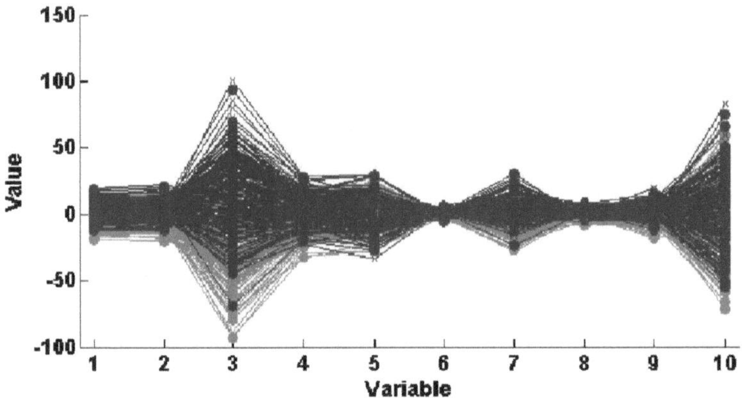

Abb. 3.5 10-dimensionale Merkmalsvektoren

	$\mathbf{x} \in \mathcal{C}_1$	$\mathbf{x} \in \mathcal{C}_2$	N_{set}
$N_{Training}$	100	100	200
N_{Test}	100	100	200
$N_{\mathcal{C}}$	200	200	400

Tabelle 3.1 Einteilung der Merkmalsvektoren in einen Trainingsdatensatz $N_{Training}$ und einen Testdatensatz N_{Test}

Den Vergleichswert bildet das beste Klassifikationsergebnis aus der Überprüfung aller möglicher Variablenkombinationen (Abb. 3.6) sowie das Ergebnis der besten Kombination aus drei Variablen (Abb. 3.7). Wie aus den nachfolgend dargestellten Konfusionsmatrizen (vgl. Abschnitt 2.5) und dem nach Gleichung (2.31) berechneten Klassifikationsfehler E_{Test} abzulesen ist, ergab sich als beste Kombination aus drei Variablen (4 5 7), die nur minimal schlechter abschneidet als die beste Kombination (2 4 5 7 8).

	$\mathbf{x} \in \mathcal{C}_1$	$\mathbf{x} \in \mathcal{C}_2$
$\mathcal{C}_1$	100	0
$\mathcal{C}_2$	0	100

	$\mathbf{x} \in \mathcal{C}_1$	$\mathbf{x} \in \mathcal{C}_2$
$\mathcal{C}_1$	99	1
$\mathcal{C}_2$	1	99

Abb. 3.6 Konfusionsmatrizen zur Klassifikation des Trainingsdatensatzes (links) und des Testdatensatzes (rechts) mittels Mahalanobis-Abstand der besten Variablenkombination auf dem Trainings- und Testdatensatz (2 4 5 7 8); $E_{Test} = \frac{2}{200} = 0.01$

	$\mathbf{x} \in \mathcal{C}_1$	$\mathbf{x} \in \mathcal{C}_2$
$\mathcal{C}_1$	99	1
$\mathcal{C}_2$	1	99

	$\mathbf{x} \in \mathcal{C}_1$	$\mathbf{x} \in \mathcal{C}_2$
$\mathcal{C}_1$	99	2
$\mathcal{C}_2$	1	98

Abb. 3.7 Konfusionsmatrizen zur Klassifikation des Trainingsdatensatzes (links) und des Testdatensatzes (rechts) mittels Mahalanobis-Abstand auf 3 Variablen (4 5 7), die als beste Kombination auf dem Trainingsdatensatz selektiert wurden; $E_{Test} = \frac{3}{200} = 0.015$

Bei Anwendung einer PLSR mit fünf PLSR-Komponenten sind die drei einflussreichsten Variablen ebenfalls (4 5 7). Gleiches trifft auf die SBS zu. Das hier vorgestellte rekursive Transformationsverfahren RTV führt auch zu diesem Ergebnis, wenn $F^{(t=1)} = 10$ und pro Iteration 10 % der Hauptkomponenten verworfen werden, deren absolute Trenngüte $|\omega_s|$ am geringsten ist, mindestens aber eine Komponente. Ist $F^{(t)} = 3$ erreicht, verlaufen die anschließenden Iterationen bei gleichbleibender Komponentenzahl bis zur Konvergenz. Die Konvergenz ergab sich nach 12 Iterationen und die verbliebene Datenmatrix $\boldsymbol{X}^{(t=12)}$ zeigt Abbildung 3.8.

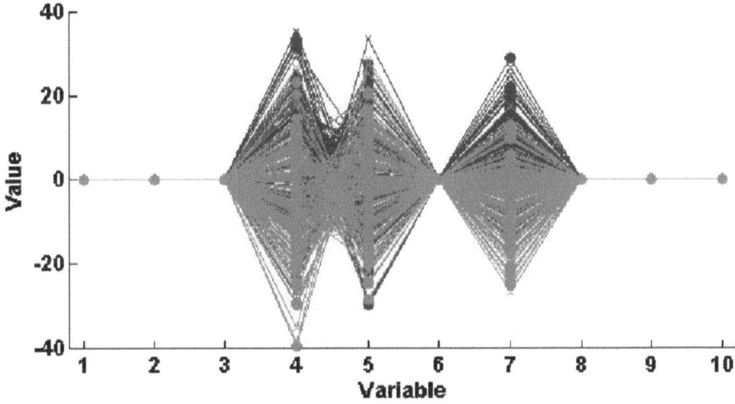

Abb. 3.8 Daten $\boldsymbol{X}^{(t=12)}$ nach der letzten Iteration und Reduktion auf 3 Variablen

Die SFS führt zur Auswahl der Variablen (6 8 9), was ein schlechteres Klassifikationsergebnis zur Folge hat (Abb. 3.9). Der SPA liefert die Variablen (3 6 10) und schneidet damit am schlechtesten ab (Abb. 3.10).

	$\mathbf{x} \in \mathcal{C}_1$	$\mathbf{x} \in \mathcal{C}_2$
$\mathcal{C}_1$	92	8
$\mathcal{C}_2$	8	92

	$\mathbf{x} \in \mathcal{C}_1$	$\mathbf{x} \in \mathcal{C}_2$
$\mathcal{C}_1$	90	6
$\mathcal{C}_2$	10	94

Abb. 3.9 Konfusionsmatrizen zur Klassifikation des Trainingsdatensatzes (links) und des Testdatensatzes (rechts) mittels Mahalanobis-Abstand auf drei Variablen (6 8 9), die per SFS selektiert wurden; $E_{Test} = \frac{16}{200} = 0.08$

	$\mathbf{x} \in \mathcal{C}_1$	$\mathbf{x} \in \mathcal{C}_2$
$\mathcal{C}_1$	84	15
$\mathcal{C}_2$	16	85

	$\mathbf{x} \in \mathcal{C}_1$	$\mathbf{x} \in \mathcal{C}_2$
$\mathcal{C}_1$	87	12
$\mathcal{C}_2$	13	88

Abb. 3.10 Konfusionsmatrizen zur Klassifikation des Trainingsdatensatzes (links) und des Testdatensatzes (rechts) mittels Mahalanobis-Abstand auf den durch SPA gewählten drei Variablen (3 6 10); $E_{Test} = \frac{25}{200} = 0.125$

3.3 Beispiel: Prototypenselektion bei nicht linear trennbaren Klassen

In diesem Beispiel soll die Anwendung des RTV zur nichtlinearen Klassifikation gezeigt werden. Hierfür wurde auf einen Datensatz von C. McCormick [McC13] zurückgegriffen, der 863 zweidimensionale Merkmalsvektoren enthält. Abbildung 3.11 zeigt alle verfügbaren Datenpunkte, die durch zwei Variablen charakterisiert werden. Der Datensatz beinhaltet 383 Beobachtungen der Klasse $\mathcal{C}_1$ (orange) und 480 Beobachtungen der Klasse $\mathcal{C}_2$ (blau). McCormick erläutert an diesem die Funktionsweise eines Radial-Basisfunktionen-Netzes (RBF-Netz) und dessen Implementierung wird an dieser Stelle als Vergleichsmethode herangezogen. Dafür wurde der Datensatz in einen Trainings- und einen Testdatensatz geteilt (Tabelle 3.2).
Die Zuordnung erfolgte zufällig und einmalig, so dass für beide Methoden die gleichen Trainingsdaten und Testdaten verwendet wurden, um einen direkten Vergleich zu ermöglichen. In Abbildung 3.11 sind die Trainingsdaten durch ein $\circ$ und die Testdaten durch ein $\mathbf{x}$ markiert. Das RBF-Netz für ein Zweiklassenproblem entspricht in seiner Struktur dem Modell aus Abb. 2.10 mit den i Aktivierungsfunktionen

$$f_i(\mathbf{x}) = e^{-\beta_i ||\mathbf{x}-\mathbf{u}_i||} \tag{3.4}$$

was annähernd der Verteilungsdichte einer multivariaten Normalverteilung nach Gleichung (2.10) mit dem Zentrum $\boldsymbol{\mu} = \mathbf{u}_i$ entspricht. Unter der Annahme, dass zwischen den Variablen kein linearer Zusammenhang besteht, reduziert sich die Kovarianzmatrix $\boldsymbol{\Sigma}$ (vgl. Abschnitt 2.4.1) auf die Varianzen der M Variablen (Hauptdiagonale), welche unter der Voraussetzung annähernd gleicher Werte im Skalierungsparameter β_i zusammengefasst werden können (vgl. Diskriminante „Euklidian“ aus Abschnitt 2.4.3, Tabelle 2.1).

Die Werte der Verteilung werden im Nachgang mit dem Wichtungsfaktor ω_i multipliziert.

	$\mathbf{x} \in \mathcal{C}_1$	$\mathbf{x} \in \mathcal{C}_2$	N_{set}
$N_{Training}$	191	240	431
N_{Test}	192	240	432
$N_{\mathcal{C}}$	383	480	863

Tabelle 3.2 Einteilung der verfügbaren Beobachtungen [McC13] in einen Trainingsdatensatz $N_{Training}$ und einen Testdatensatz N_{Test}

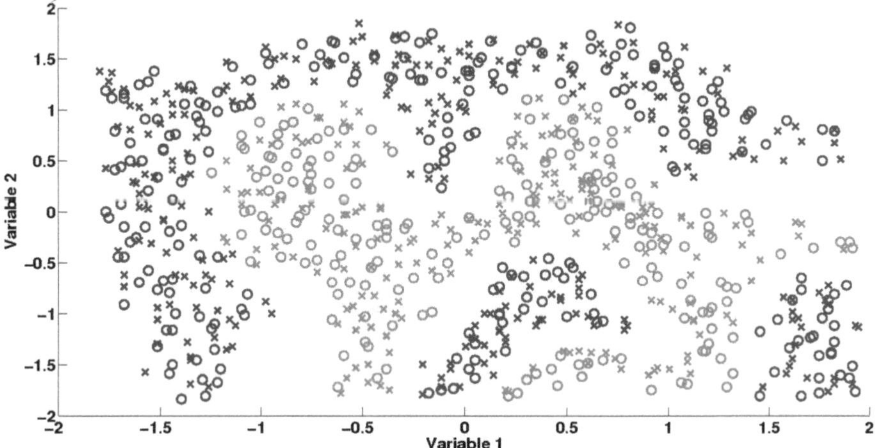

Abb. 3.11 Datensatz aus dem Tutorial [McC13]. Die Trainingsdaten der Klassen $\mathcal{C}_1$ (orange) und $\mathcal{C}_2$ (blau) sind durch $\circ$ und die Testdaten durch $\mathbf{x}$ markiert.

Die Stützvektoren (Prototypen) $\mathbf{u}_i$ werden mittels k-Means-Clustering berechnet und müssen keinem Merkmalsvektor des Trainingsdatensatzes entsprechen. Die Parameter β_i ergeben sich aus den ermittelten Stützvektoren und deren mittleren Distanzen zu den Trainingsvektoren. Abschließend wird der Vektor $\boldsymbol{\omega}$ durch das Lernverfahren des Gradientenabstiegs (*engl. Backpropagation*) bestimmt. Details zum Verfahren des k-Means-Clusterings und des Gradientenverfahrens sind zu finden in [Alp10] und [Hof15].
Das Ergebnis des RBF-Netzes mit 15 Stützvektoren pro Klasse und die daraus resultierenden Klassenregionen sind in Abbildung 3.16 dargestellt. Abbildung 3.12 zeigt die Konfusionsmatrizen. Ein zweites Modell wurde mit 11 Stützvektoren pro Klasse erstellt und validiert (Abb. 3.13).

Zum Vergleich soll die Auswahl von i Prototypen aus dem Trainingssatz mit Hilfe der neu entwickelten Methode erfolgen.

Ausgehend davon, dass jede Trainingsbeobachtung ein potentiell geeigneter Prototyp sein kann, ergeben sich zunächst $N = \sum_{j=1}^{C} N_{Training}^{(j)} = 431$ Aktivierungsfunktionen $f_i(\mathbf{x})$. Deren Aktivierungswerte, die nach Gleichung (3.4) für jede Trainingsbeobachtung berechnet wurden, ergeben nach erfolgter Mittenzentrierung die Ausgangsdatenmatrix $\boldsymbol{X}^{((M\times N)|t=1)}$, wobei hier $M = N$ ist.
Dabei wurde in der ersten Iteration mit $F^{(t=1)} = 80$ gestartet und pro Iteration 10 % der Hauptkomponenten verworfen werden, deren absolute Trenngüte $|\omega_s|$ am geringsten ist, mindestens aber eine Komponente. Ist $F^{(t)} = 30$ (bzw. $F^{(t)} = 22$) erreicht, erfolgte der weitere Iterationsdurchlauf bis zur Konvergenz. Die Klassengrenze mit den 30 selektierten Prototypen zeigt Abb. 3.17 und Abb. 3.14 die zugehörigen Konfusionsmatrizen. Sowohl mit 30 als auch mit 22 Prototypen konnte ein geringerer Klassifikationsfehler auf den Testdaten beobachtet werden.

In einem zweiten Test wurde der Mahalanobis-Abstand zum Prototypen als Aktivierungsfunktion

$$f_i(\mathbf{x}) = (\mathbf{x} - \mathbf{u}_i)^T \boldsymbol{S}^{-1} (\mathbf{x} - \mathbf{u}_i) \tag{3.5}$$

verwendet. Das Ergebnis nach der Reduktion auf 30 Prototypen zeigt Abb. 3.18.

	$\mathbf{x} \in \mathcal{C}_1$	$\mathbf{x} \in \mathcal{C}_2$
$\mathcal{C}_1$	184	2
$\mathcal{C}_2$	7	238

	$\mathbf{x} \in \mathcal{C}_1$	$\mathbf{x} \in \mathcal{C}_2$
$\mathcal{C}_1$	182	4
$\mathcal{C}_2$	10	236

Abb. 3.12 Konfusionsmatrizen zur Klassifikation des Trainingsdatensatzes (links) und des Testdatensatzes (rechts) mit dem RBF-Netz-Klassifikator (Selektion von 30 Prototypen, 15 pro Klasse) → Abb. 3.16; $E_{Test} = \frac{14}{432} = 0.0324$

	$\mathbf{x} \in \mathcal{C}_1$	$\mathbf{x} \in \mathcal{C}_2$
$\mathcal{C}_1$	186	4
$\mathcal{C}_2$	5	236

	$\mathbf{x} \in \mathcal{C}_1$	$\mathbf{x} \in \mathcal{C}_2$
$\mathcal{C}_1$	177	6
$\mathcal{C}_2$	15	234

Abb. 3.13 Konfusionsmatrizen zur Klassifikation des Trainingsdatensatzes (links) und des Testdatensatzes (rechts) mit dem RBF-Netz-Klassifikator (Selektion von 22 Prototypen, 11 pro Klasse); $E_{Test} = \frac{21}{432} = 0.0486$

	$\mathbf{x} \in \mathcal{C}_1$	$\mathbf{x} \in \mathcal{C}_2$
$\mathcal{C}_1$	190	1
$\mathcal{C}_2$	1	239

	$\mathbf{x} \in \mathcal{C}_1$	$\mathbf{x} \in \mathcal{C}_2$
$\mathcal{C}_1$	190	4
$\mathcal{C}_2$	2	236

Abb. 3.14 Konfusionsmatrizen zur Klassifikation des Trainingsdatensatzes (links) und des Testdatensatzes (rechts) mit dem RTV (Selektion von 30 Prototypen) → Abb. 3.17 auf Basis der RBF-Aktivierungsfunktion; $E_{Test} = \frac{6}{432} = 0.0139$

	$\mathbf{x} \in \mathcal{C}_1$	$\mathbf{x} \in \mathcal{C}_2$
$\mathcal{C}_1$	184	1
$\mathcal{C}_2$	1	238

	$\mathbf{x} \in \mathcal{C}_1$	$\mathbf{x} \in \mathcal{C}_2$
$\mathcal{C}_1$	182	6
$\mathcal{C}_2$	3	236

Abb. 3.15 Konfusionsmatrizen zur Klassifikation des Trainingsdatensatzes (links) und des Testdatensatzes (rechts) mit dem RTV (Selektion von 22 Prototypen) auf Basis der RBF-Aktivierungsfunktion; $E_{Test} = \frac{9}{432} = 0.0208$

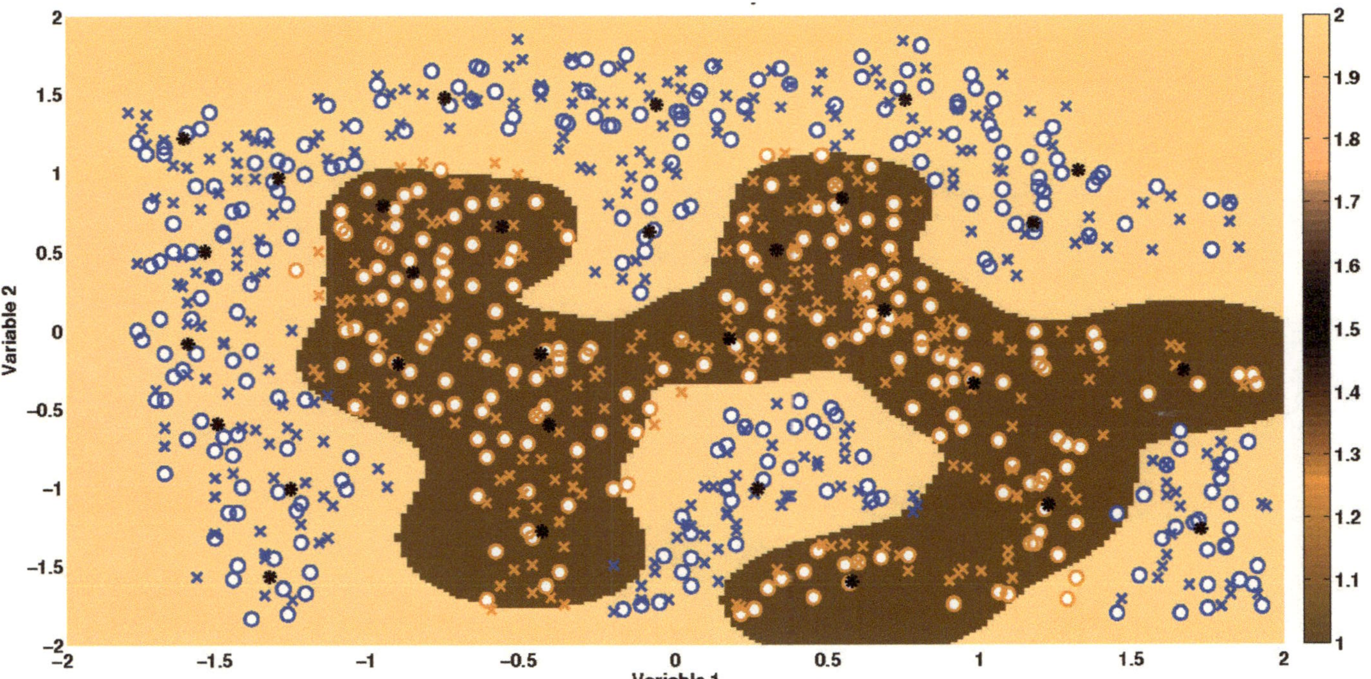

Abb. 3.16 Ergebnis des RBF-Netzes von [McC13] mit $i = 30$ Prototypen (schwarze $\circ$ und je 15 pro Klasse) Die resultierenden Klassenregionen $\mathcal{C}_1$ (braun) und $\mathcal{C}_2$ (hellbraun) sind eingezeichnet.

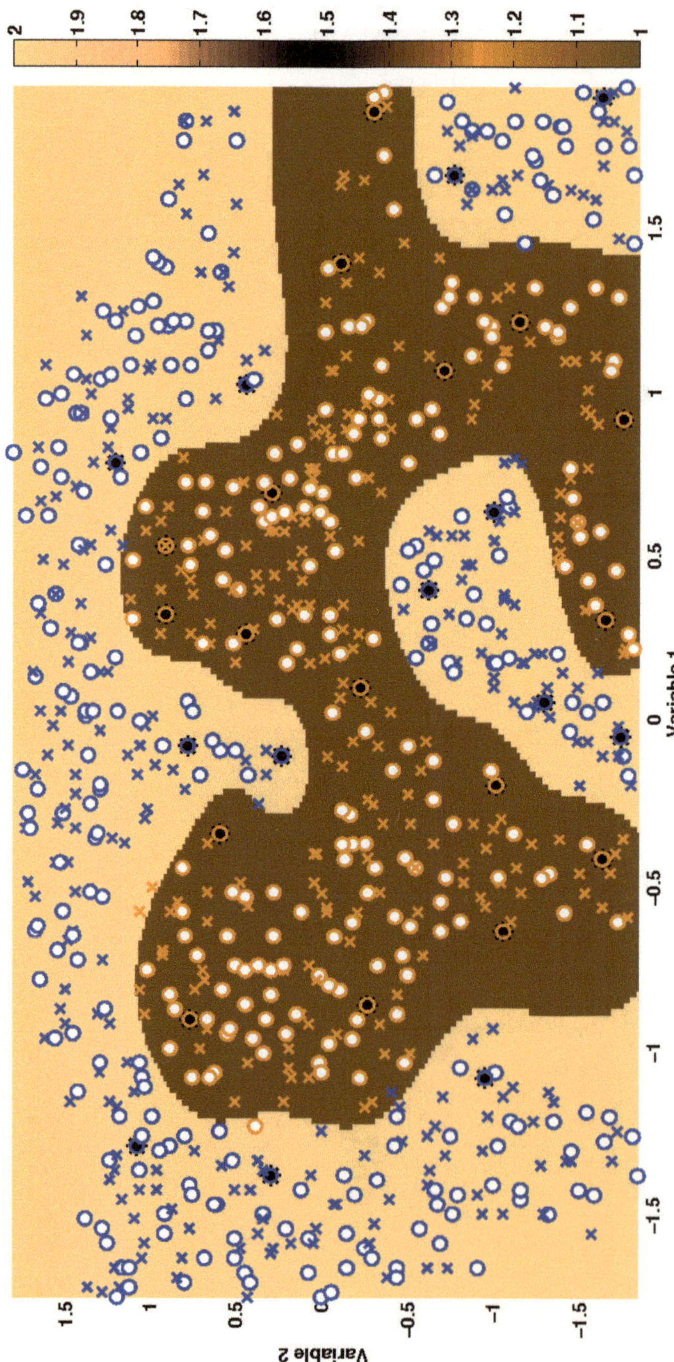

Abb. 3.17 Ergebnis des RTV basierend auf der RBF-Aktivierungsfunktion → Erhalt von $i = 30$ Prototypen (schwarze ∘)

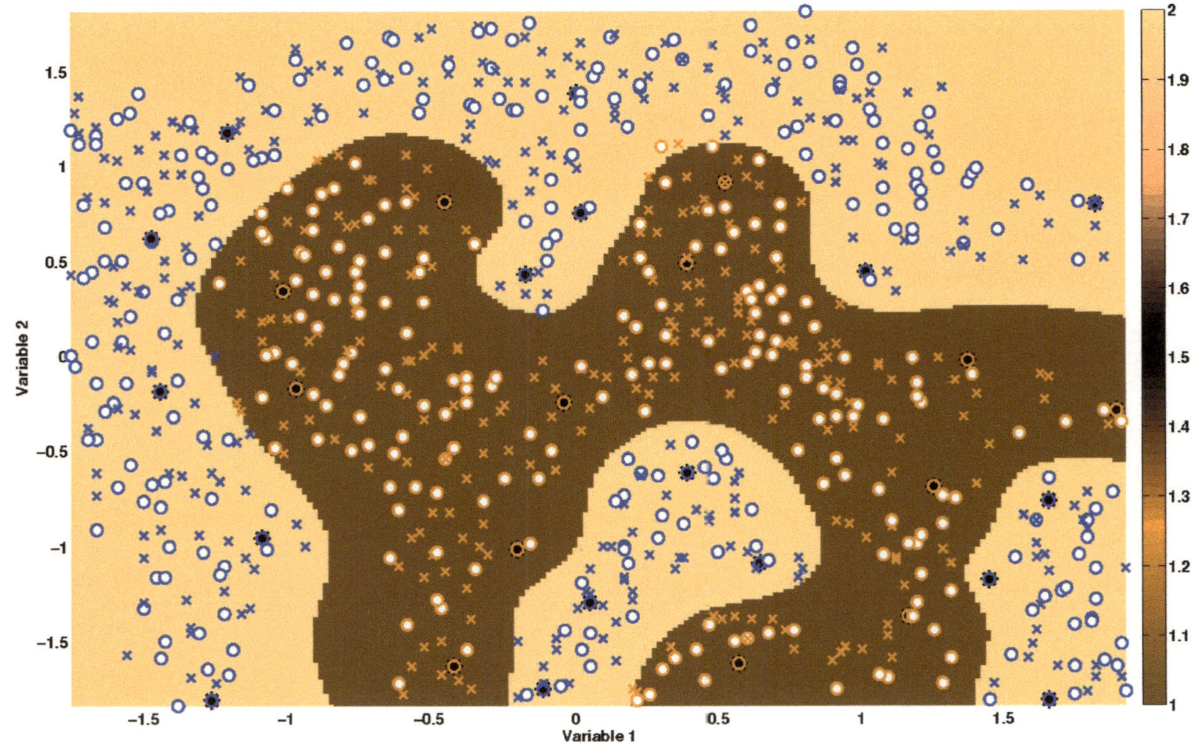

Abb. 3.18 Ergebnis des RTV basierend auf dem Mahalanobis-Abstand als Aktivierungsfunktion → Erhalt von $i = 30$ Prototypen (schwarze ∘)

	$\mathbf{x} \in \mathcal{C}_1$	$\mathbf{x} \in \mathcal{C}_2$
$\mathcal{C}_1$	190	0
$\mathcal{C}_2$	1	240

	$\mathbf{x} \in \mathcal{C}_1$	$\mathbf{x} \in \mathcal{C}_2$
$\mathcal{C}_1$	189	1
$\mathcal{C}_2$	3	239

Abb. 3.19 Konfusionsmatrizen zur Klassifikation des Trainingsdatensatzes (links) und des Testdatensatzes (rechts) mit dem RTV (Selektion von 30 Prototypen) → Abb. 3.18 auf Basis des Mahalanobis-Abstandes als Aktivierungsfunktion; $E_{Test} = \frac{4}{432} = 0.0093$

	$\mathbf{x} \in \mathcal{C}_1$	$\mathbf{x} \in \mathcal{C}_2$
$\mathcal{C}_1$	190	2
$\mathcal{C}_2$	1	238

	$\mathbf{x} \in \mathcal{C}_1$	$\mathbf{x} \in \mathcal{C}_2$
$\mathcal{C}_1$	189	7
$\mathcal{C}_2$	3	233

Abb. 3.20 Konfusionsmatrizen zur Klassifikation des Trainingsdatensatzes (links) und des Testdatensatzes (rechts) mit dem RTV (Selektion von 22 Prototypen) auf Basis des Mahalanobis-Abstandes als Aktivierungsfunktion; $E_{Test} = \frac{10}{432} = 0.0231$

Der Vergleich zeigt, dass das rekursive Transformationsverfahren bei gleicher Prototypenanzahl auf dem Testdatensatz ein besseres Klassifikationsergebnis erzielt als das RBF-Netz nach [McC13].

Kapitel 4
Praktische Anwendung

Dieser Abschnitt fasst die Anwendung des RTV auf das Ausgangsproblem (s. Abschnitt 1.2) sowie dessen Eignung zur Variablenselektion zusammen. Dabei erfolgt ein Vergleich zur

- einfachen Unterabtastung,
- SFS,
- PLSR sowie
- dem SPA

unter den Gesichtspunkten

- der Klassifikationsgenauigkeit,
- der Selektionszeit und
- der Stabilität bei Änderung der Größe des Trainingsdatensatzes.

Die Datengrundlage bilden 5004 klassifizierte Transmissionsspektren von Bruteiern, die zwischen 11 und 14 Tagen inkubiert wurden und deren Entstehung die Abschnitte 4.1 und 4.2 aufzeigen. Alle verwendeten Algorithmen zur Vorverarbeitung und Klassifikation wurden auf Basis der verwendeten Literatur in Matlab (Version 2007b) implementiert[1], um einen detailierten Vergleich zu ermöglichen.

4.1 Datenaufnahme

4.1.1 Messprinzip

Für den Erhalt der auszuwertenden Daten wurden zunächst mit dem in Abbildung 4.1 dargestellten Messprinzip Kamerabilder erfasst. Dabei durchleuchtet eine Lichtquelle das bebrütete Hühnerei und das transmittierte Licht wird mittels einer Hyperspektralkamera aufgenommen. Diese ist so aufgebaut, dass das Licht zunächst durch einen Spalt fällt und das Blickfeld so auf eine Linie begrenzt wird. Sie kann deshalb als Zeilenkamera betrachtet werden. Anschließend fokussieren Linsen das einfallende Lichtbündel und ein Prisma-Gitter-Prisma Element (PGP-Element) trennt es in die Wellenlängen auf, so

[1] Da die Simulationsergebnisse in dieser Arbeit durchgehend mit Matlab erzielt wurden, wird für deren Darstellung auch die dort übliche Notation mit Dezimalpunkt verwendet.

dass diese auf unterschiedliche Detektorpixel fallen (s. Abb. 4.2). Um nur das vom Ei transmittierte Licht zu erfassen, muss verhindert werden, dass Licht aus anderen Quellen (z.B. Umgebungslicht oder Direktlicht der Lampen) auf den Detektor fällt. Um dies zu erreichen wurde zum Einen die Lichtquelle in einem Kasten platziert, der nur eine runde Austrittsöffnung besitzt auf der das Ei formschlüssig positioniert werden kann. Zum Anderen umschließt ein Gehäuse die gesamte Messanordnung, um Einflüsse von Umgebungslicht auszuschließen.

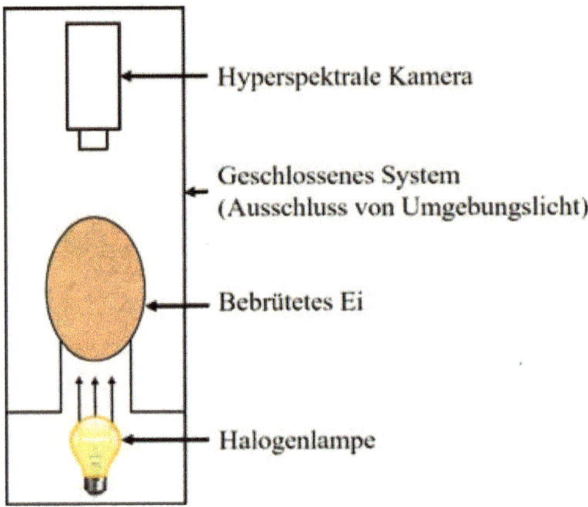

Abb. 4.1 Prinzip des Messaufbaus zur Erfassung der Transmissionsspektren angebrüteter Hühnereier

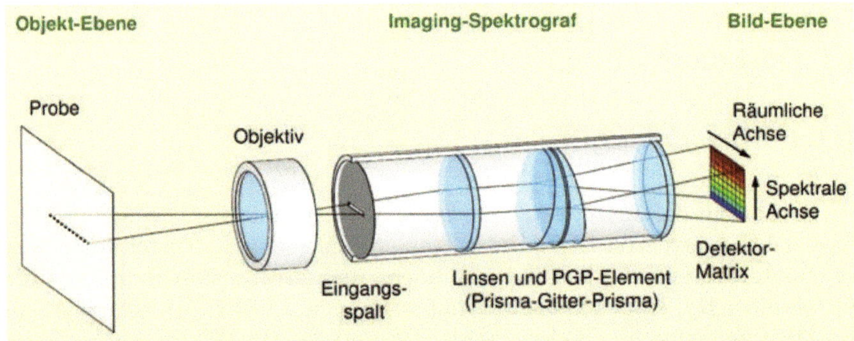

Abb. 4.2 Aufbau einer hyperspektralen Kamera mit PGP-Element [ImgHC]

4.1.2 Charakteristisches Spektrum

Abbildung 4.3 zeigt ein Bild der Hyperspektralkamera und eine Bildspalte daraus, welche ein einzelnes Transmissionsspektrum eines 14 Tage bebrüteten Hühnereies beinhaltet. Obwohl pro Spektrum eine diskrete Anzahl von Abtastwerten vorliegt, wurde für die grafische Darstellung bewusst eine kontinuierliche gewählt, um den Zusammenhang zwischen den Werten besser erfassen zu können. Aufgrund des praktischen Hintergrundes wurde die Messanordnung so gewählt, dass mit einem Kamerabild die Spektren von zehn Hühnereiern erfasst werden können. Die Zeilen repräsentieren die Beobachtungswerte einer Wellenlänge über die erfasste Sichtfeldbreite. Die Spalten enthalten die zu einem Punkt gehörenden spektralen Informationen. Ein breiter vertikaler Streifen im erfassten Bild beinhaltet ca. 20 einzelne Transmissionspektren von einem Hühnerei. Der weiße Streifen entspricht beispielsweise einem Ei ohne Embryo, wo die Transmission so hoch ist, dass der Detektor in die Sättigung gerät.

Für die weitere Datenanalyse wurden die mittleren fünf Bildspalten eines Streifens gemittelt und als für das Ei charakteristisches Spektrum gespeichert.

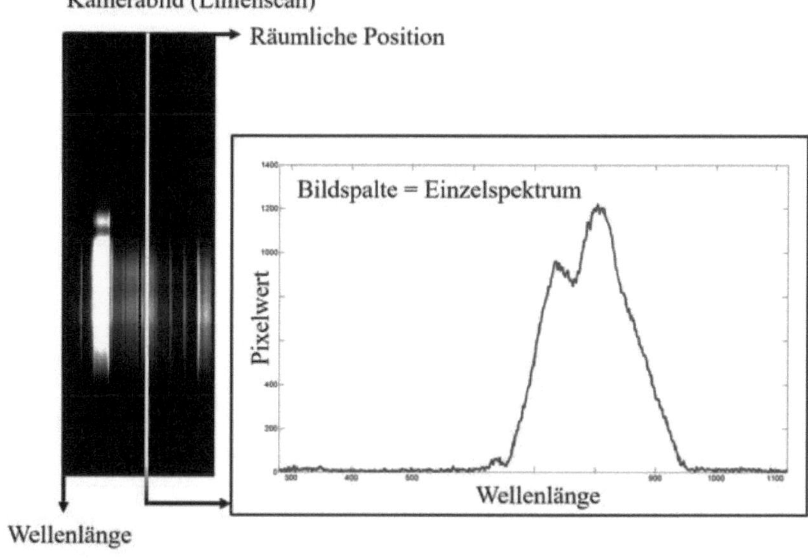

Abb. 4.3 Aufbau eines hyperspektralen Kamerabildes

Charakteristische Spektren wurden für die Bebrütungstage 11 bis 14 erfasst. Abbildung 4.4 zeigt beispielsweise die Spektren am 14. Bebrütungstag und Tabelle 4.1 sind die Beobachtungszahlen aller Datensätze zu entnehmen. Zusätzlich konnten über alle Tage hinweg insgesamt 300 Spektren von unbefruchteten Eiern und 440 Spektren von Eiern mit abgestorbenem Embryo erfasst werden.

Bebrütungszeit	$\mathbf{x} \in \mathcal{C}_1$ (Klasse *weiblich*)	$\mathbf{x} \in \mathcal{C}_2$ (Klasse *männlich*)	N_{set}
Tag 11	548	553	1101
Tag 12	613	607	1220
Tag 13	778	753	1531
Tag 14	549	603	1152

Tabelle 4.1 Verfügbare Datensätze für die Bebrütungstage 11 bis 14

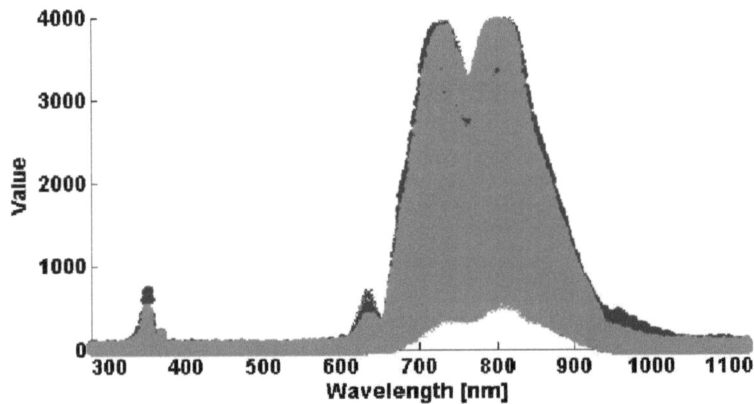

Abb. 4.4 Spektren von 1152 Eiern am 14. Bebrütungstag (orange = *weiblich*; blau = *männlich*)

4.2 Vorverarbeitung

Der Vorverarbeitungsprozess ist in Abb. 4.5 dargestellt. Auf die Rohdaten (s. beispielsweise Datensatz von Tag 14 in Abb. 4.4) wurde zunächst ein gleitender Binomialfilter mit einer Maskengröße von 7 Pixeln angewendet, um das Rauschen zu reduzieren. Anschließend wurden die Spektren auf den Spektralbereich von 600 nm bis 950 nm zugeschnitten, da hier eine signifikante Signalintensität vorhanden ist. Der Bereich zwischen 300 nm und 400 nm wurde von der Analyse ausgeschlossen, da die Kamera nur auf den Bereich zwischen 400 nm und 1000 nm kalibriert ist. Durch das Einschränken des Wellenlängenbereiches verbleiben pro Spektrum noch $M = 248$ Werte von den ursprünglich 600.

Abschließend wurden alle Beobachtungsvektoren $\mathbf{x}_{raw}$ mit der Betrag-1-Norm [Kes07]

$$\mathbf{x} = \frac{1}{\sqrt{\sum_{m=1}^{M}((x_{raw})_m)^2}}\mathbf{x}_{raw} \tag{4.1}$$

normiert, so dass für alle normierten Beobachtungsvektoren

$$|\mathbf{x}| = 1 \tag{4.2}$$

gilt.

Auf Basis dieser Spektren finden alle nachfolgenden Methodenvergleiche statt.

Um einen Eindruck von den linearen Zusammenhängen zwischen den Variablen zu bekommen wurden für alle Datensätze klassenweise die Korrelationsmatrizen (vgl. Abschnitt 2.4.1) berechnet. Die Werte der Korrelationskoeffizienten werden farblich codiert (s. Schema in Abb. 4.6) und zum Vergleich in Tabelle 4.2 und 4.3 gegenübergestellt. Daraus wird ersichtlich, dass innerhalb der ersten Hälfte der Variablen und innerhalb der zweiten Hälfte ein positiver linearer Zusammenhang besteht, da die Korrelationskoeffizienten positive Werte annehmen. Dagegen sind die Korrelationskoeffizienten zwischen der ersten Hälfte der Variablen und der zweiten Hälfte negativ, was auf einen negativen linearen Zusammenhang hinweist. Diese Neigung verstärkt sich mit Erhöhung der Bebrütungszeit, ebenso wie die Unterschiede der Korrelationskoeffizienten zwischen den Klassen $\mathcal{C}_1$ (Klasse *weiblich*) und $\mathcal{C}_2$ (Klasse *männlich*). Die Veränderung ist besonders auffällig im Übergangsbereich zwischen der ersten Hälfte und der zweiten Hälfte der Variablen, was dem Wellenlängenbereich zwischen 764 nm und 790 nm entspricht.

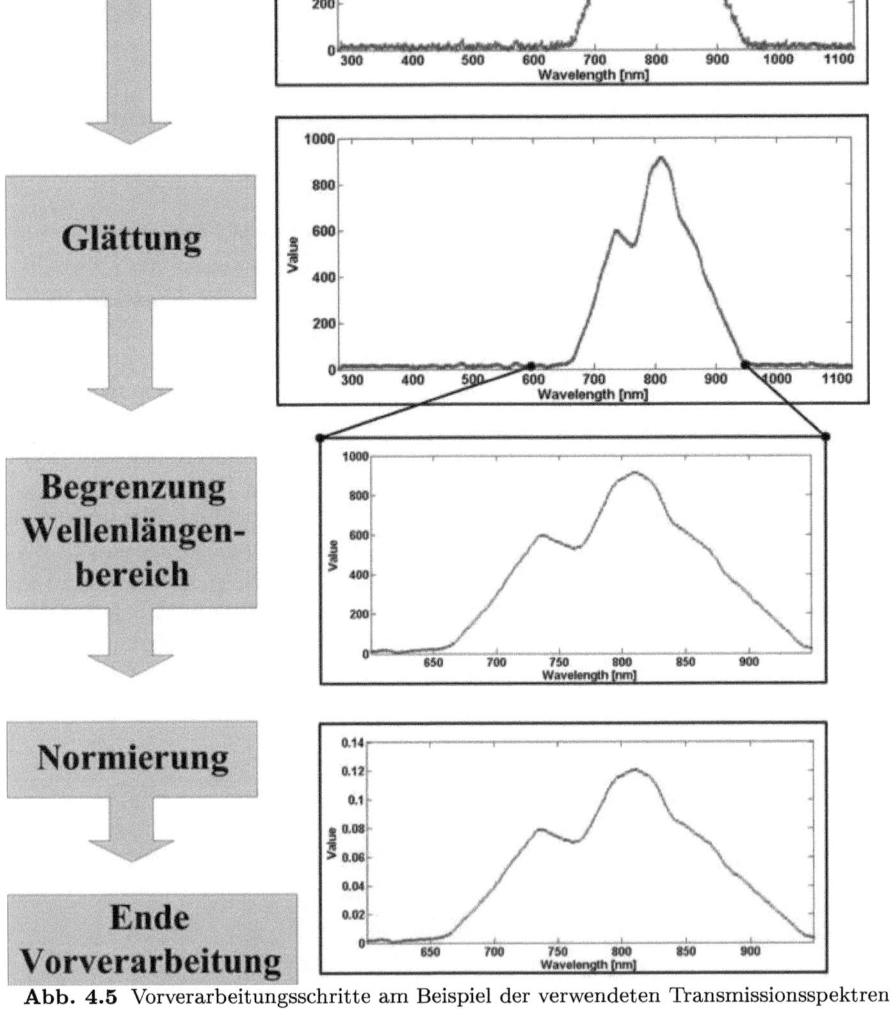

Abb. 4.5 Vorverarbeitungsschritte am Beispiel der verwendeten Transmissionsspektren

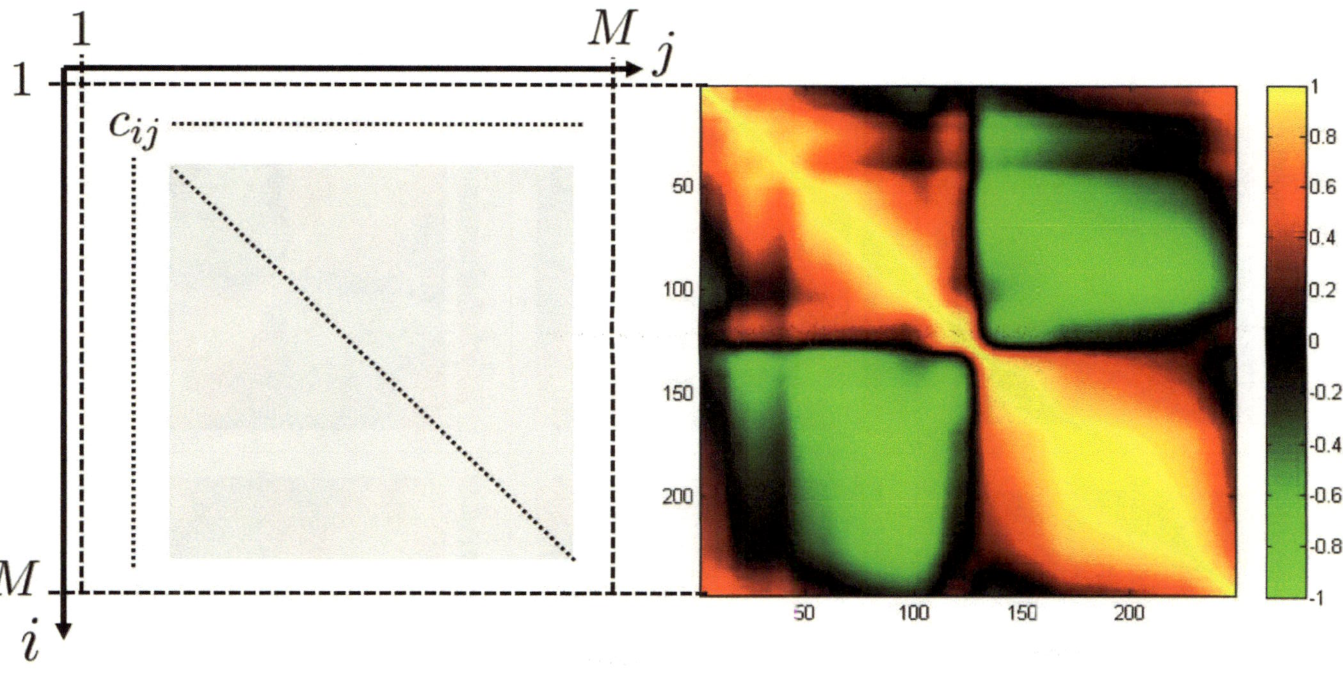

Abb. 4.6 Farbliche Darstellung der Korrelationsmatrix

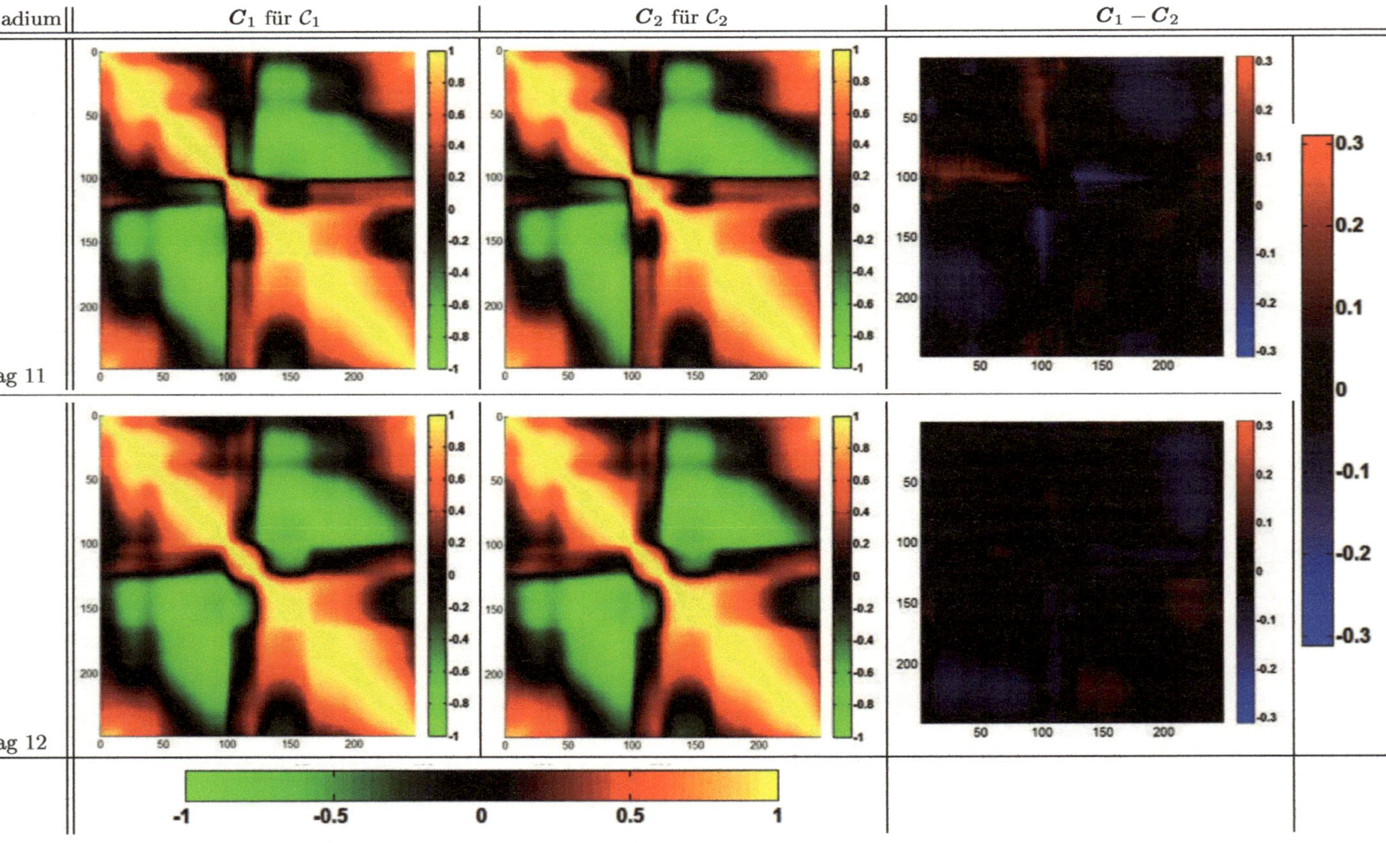

Tabelle 4.2 Korrelationsmatrizen C (klassenweise) für die Datensätze der Bebrütungstage 11 und 12

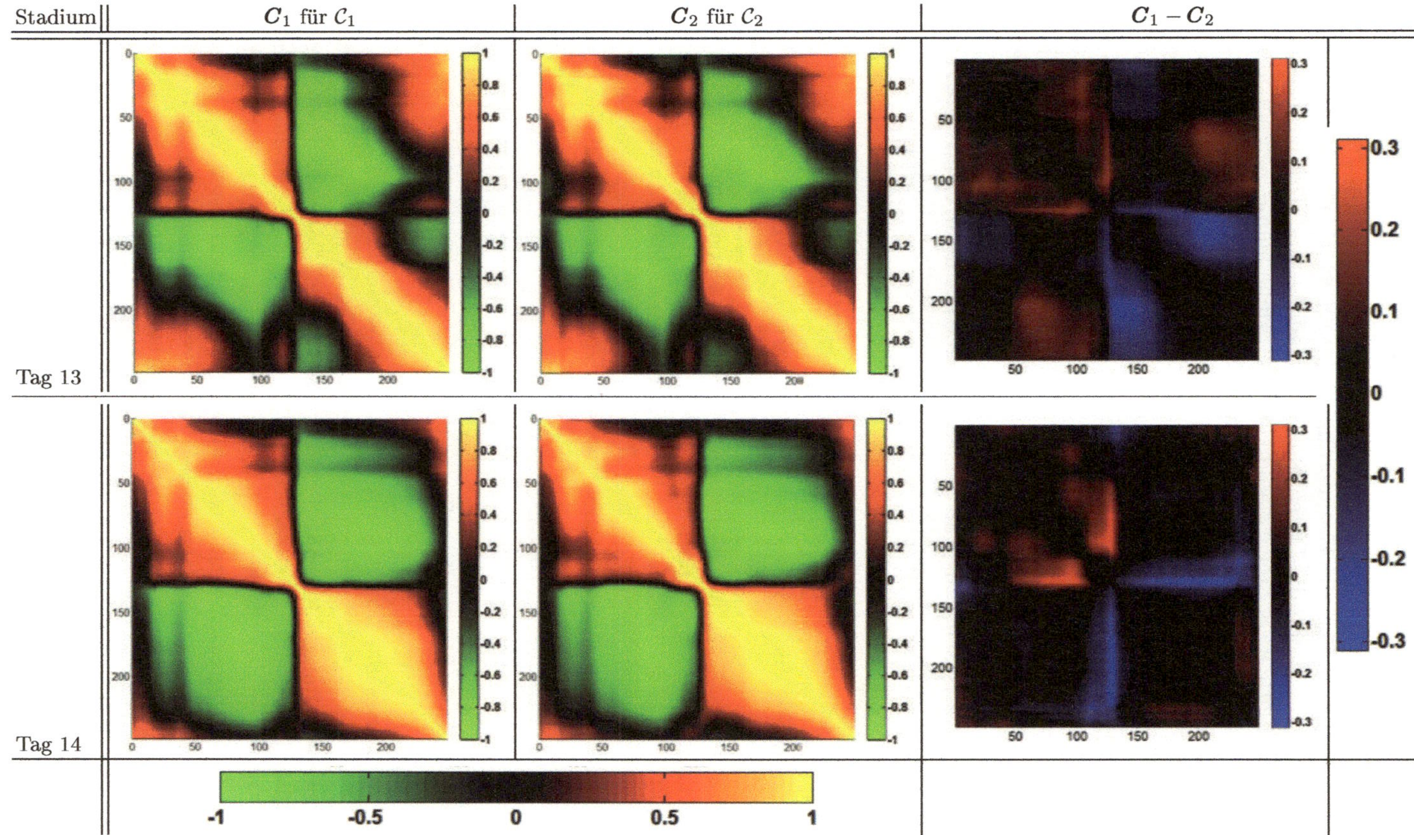

Tabelle 4.3 Korrelationsmatrizen C (klassenweise) für die Datensätze der Bebrütungstage 13 und 14

4.3 Methodenvergleich zur Selektion von Variablen

Für den Vergleich und die Evaluierung der etablierten Selektionsmethoden mit dem RTV, wurden die Datensätze in Trainings- und Testdatensätze geteilt und einheitlich als Linearklassifikator der Mahalanobis-Klassifikator gewählt. Der Trainingsdatensatz wird dabei zum Training des Klassifikators genutzt. Zur Parametrierung der PLSR (Komponentenanzahl) sowie bei der SFS und des SPA zur Auswahl der besten Variablenkette wird die Klassifikationsgenauigkeit auf dem Testdatensatz einbezogen. Nach beendeter Variablenselektion wird der Klassifikator auf den selektierten Variablen mit dem Trainingsdatensatz trainiert und auf dem Testdatensatz geprüft, um die Klassifikationsgenauigkeit des Klassifikators auf unbekannten Daten und damit die Generalisierungsfähigkeit des Modells einzuschätzen. Allgemein wird angenommen, dass die gewählte Trainingsmenge repräsentativ für die abzubildenden Klassen ist. Die Auswahl der Trainingsbeobachtungen erfolgte zufällig und einmalig, so dass bei nachfolgend gleich großen Trainingssätzen auch die verwendeten Beobachtungen gleich bleiben, um einen Vergleich zwischen den Methoden zu ermöglichen.

Für die Gegenüberstellung der Methoden gilt folgende Namensgebung:

- Sub-S xL $\rightarrow$ Unterabtastung - Jede L. Variable (Wellenlänge) bleibt erhalten.
- PLSR L $\rightarrow$ PLSR mit L Komponenten. Die Variablenselektion erfolgt anhand der Trenngüte nach absteigender Wertigkeit.
- RTV $F^{(t=1)}$, R $\rightarrow$ RTV mit $F^{(t=1)}$ Hauptkomponenten in der ersten Iteration und einer Reduktion von R (z.B. $R = 0.1 \rightarrow$ pro Iteration werden 10 % der Hauptkomponenten verworfen, deren absolute Trenngüte $|\omega_s|$ am geringsten ist).

4.3.1 Methodenvergleich

In diesem Abschnitt erfolgt ein Vergleich der Methoden - zur Selektion von zwei, vier und acht Variablen aus 248 Variablen - auf zwei unterschiedlich großen Trainingssätzen des 14. Bebrütungstages. Der erste Trainingssatz beinhaltet 600 Trainingsbeobachtungen und damit mehr Trainingsbeobachtungen als Variablen (Tabelle 4.7a). Der zweite Trainingssatz beinhaltet mit 200 Trainingsbeobachtungen dagegen weniger als die erfassten 248 Variablen (Tabelle 4.7b). Dabei werden neben dem Klassifikationsfehler auch die Selektionsgeschwindigkeit und die selektierten Variablen betrachtet.

Datensatz	$\mathbf{x} \in \mathcal{C}_1$	$\mathbf{x} \in \mathcal{C}_2$	N_{set}
$N_{Training}$	300	300	600
N_{Test}	249	303	552
$N_{\mathcal{C}}$	549	603	1152

Abb. 4.7a Datensatz mit 600 Trainingsbeobachtungen und $M = 248$ Variablen ($N > M$)

Datensatz	$\mathbf{x} \in \mathcal{C}_1$	$\mathbf{x} \in \mathcal{C}_2$	N_{set}
$N_{Training}$	100	100	200
N_{Test}	449	503	952
$N_{\mathcal{C}}$	549	603	1152

Abb. 4.7b Datensatz mit 200 Trainingsbeobachtungen und $M = 248$ Variablen ($N < M$)

Alle Berechnungen erfolgten auf einem Desktop-PC mit folgenden Eigenschaften i7-3770, 3.40 GHz, 12 GB RAM, Win 10.

Selektion von acht Variablen

Die von den Methoden selektierten Variablen zeigt Abbildung 4.3. Die Variablenselektion mit dem SFS-Verfahren unterscheidet sich stark zwischen den Trainingsdatensätzen. Während auf dem größeren Trainingssatz überwiegend Variablen aus dem Wellenlängenbereich um 608 nm und 811 nm selektiert wurden, konzentriert sich die Auswahl auf dem kleineren Trainingssatz um den Bereich 781 nm und um 934 nm. Die Anhäufung der Selektion im Bereich kürzerer Wellenlänge kann darauf zurückzuführen sein, dass in der betreffenden Iteration mehrere Variablen den gleichen Testfehler verursachen und dann die erste Variable mit diesem Testfehler dem Variablenpool hinzugefügt wird.

Der SPA wählt auf beiden Trainingssätzen vergleichbare Variablen. Die Selektionen auf den Trainingssätzen sind unter den RTV-Konfigurationen vergleichbar, unterscheiden sich jedoch zwischen den Sätzen. Die stabil selektierten Bereiche liegen bei 660 nm, 720 nm, 771 nm, 791 nm 873 nm und 924 nm.

Tabelle 4.4 fasst die Klassifikationsgenauigkeiten zusammen, wenn der Mahalanobis-Klassifikator unter Nutzung der selektierten Variablen auf dem Trainingsdatensatz trainiert wird. Die Selektionszeiten sind darin ebenfalls gegenübergestellt. Auf dem $N = 600$ Trainingssatz schneidet als Vergleichsmethode die SFS mit einem Testfehler von 5.8 % am besten ab. Der Fehler bei Verwendung der RTV-Konfiguration $F^{(t=1)} = 50$, $R = 0.5$ liegt geringfügig darunter (5.43 %), benötigt für die Selektion jedoch nur 1.6 s gegenüber den fast 200 s der SFS. Auf dem $N = 200$ Trainingssatz liefert die SFS mit 5.77 % den geringsten Testfehler und benötigt für die Selektion ca. 110 s. Die beste RTV-Konfiguration $F^{(t=1)} = 26$, $R = 0.1$, deren Selektionszeit bei 1.8 s liegt, erreicht mit $E_{rel}^{Test} = 6.83\%$ einen höheren Testfehler, ist aber vergleichbar mit der Selektion durch den SPA, der einen Testfehler von 6.93 % aufweist und 29 s für die Selektion in Anspruch nahm.

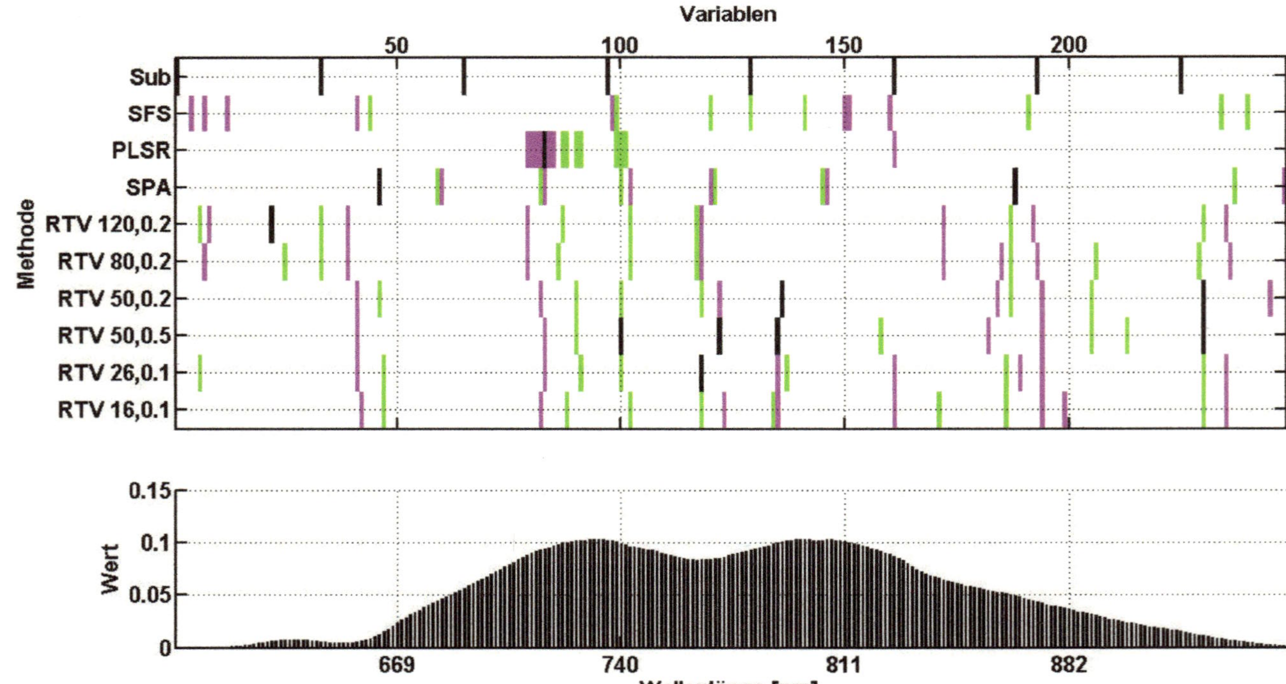

Abb. 4.3 Für die Klassifikation gewählte Variablen mit $F^{(t=T)} = 8$ auf dem $N = 600$ Trainingssatz (magenta) und dem $N = 200$ Trainingssatz (grün). Übereinstimmende Selektionen sind schwarz dargestellt.

Methode	Training				Test			Training + Test		
	N_{set}	E_{abs}	E_{rel} in [%]	Zeit in [s]	N_{set}	E_{abs}	E_{rel} in [%]	N_{set}	E_{abs}	E_{rel} in [%]
Sub-S x32	600	56	09.33	« 1	552	51	09.24	1152	107	09.29
SFS	**600**	**67**	**11.17**	**197.6**	**552**	**32**	**05.80**	**1152**	**99**	**08.59**
PLSR 7	600	92	15.33	« 1	552	72	13.04	1152	164	14.24
SPA	600	41	06.83	35.8	552	34	06.16	1152	75	06.51
RTV 120, 0.2	600	32	05.33	4.8	552	36	06.52	1152	68	05.90
RTV 80, 0.2	600	33	05.50	3.55	552	38	06.88	1152	71	06.16
RTV 50, 0.2	600	34	05.67	2.3	552	31	05.61	1152	65	05.64
RTV 50, 0.5	**600**	**38**	**06.33**	**1.6**	**552**	**30**	**05.43**	**1152**	**68**	**05.90**
RTV 26, 0.1	600	31	05.17	2.7	552	41	07.43	1152	72	06.25
RTV 16, 0.1	600	34	05.67	2	552	33	06.00	1152	67	05.81
Sub-S x32	200	16	08.0	« 1	952	98	10.29	1152	114	09.89
SFS	**200**	**9**	**04.5**	**111.7**	**952**	**55**	**05.77**	**1152**	**64**	**05.55**
PLSR 8	200	22	11.0	« 1	952	124	13.02	1152	146	12.67
SPA	200	10	05.0	29	952	66	06.93	1152	76	06.60
RTV 120, 0.2	200	6	03.0	2.5	952	71	07.46	1152	77	06.68
RTV 80, 0.2	200	4	02.0	1.9	952	70	07.35	1152	74	06.42
RTV 50, 0.2	200	4	02.0	1.8	952	72	07.56	1152	76	06.60
RTV 50, 0.5	200	7	03.5	1	952	69	07.25	1152	76	06.60
RTV 26, 0.1	**200**	**5**	**02.5**	**1.8**	**952**	**65**	**06.83**	**1152**	**70**	**06.08**
RTV 16, 0.1	200	4	02.0	1.1	952	66	06.93	1152	70	06.08

Tabelle 4.4 Klassifikationsgenauigkeit mit acht extrahierten Variablen in Abhängigkeit der Selektionsmethode und der Anzahl der Trainingsbeobachtungen am Beispiel des Datensatzes vom 14. Bebrütungstag. Der Testfehler der besten RTV-Konfiguration sowie der besten Vergleichsmethode sind grün markiert.

Selektion von vier Variablen

Die von den Methoden selektierten Variablen zeigt Abbildung 4.4. Die Variablenselektion mit dem SFS-Verfahren führt auf dem $N = 200$ Trainingssatz zu Variablen aus dem Wellenlängenbereich zwischen 740 nm und 800 nm, wohingegen die Auswahl auf dem $N = 600$ Trainingssatz die Bereiche 615 nm, 657 nm, 737 nm und 812 nm beinhaltet. Die Selektion mittels SPA liegt für die Trainingssätze bei den Wellenlängenbereichen 735 nm, 768 nm und 813 nm nah beieinander. Die vierte Wellenlänge wurde im $N = 600$ Durchgang bei 688 nm und für $N = 200$ dagegen bei 704 nm ermittelt. Die RTV-Konfigurationen mit $F^{(t=1)} >= 50$ extrahieren auf dem $N = 600$ Trainingssatz die Bereiche um 712 nm, 768 nm, 871 nm und 928 nm. Auf dem $N = 200$ Trainingssatz konzentrieren sich die Auswahlen im Bereich von 740 nm, 768 nm und der letzten abfallenden Flanke des Spektrums.
Tabelle 4.5 beinhaltet die Klassifikationsfehler und Selektionszeiten. Auf dem $N = 600$ Trainingssatz führen die Vergleichsmethoden SPA und SFS zu einem Testfehler von 6.88 % bei Selektionszeiten von 25 s bzw. 50 s. Der Fehler bei Verwendung der RTV-Konfiguration $F^{(t=1)} = 16$, $R = 0.1$ liegt etwas darunter (6.16 %) und benötigt für die Selektion 2 s. Auf dem $N = 200$ Trainingssatz liefert die SFS mit 7.46 % den geringsten Testfehler und benötigt für die Selektion ebenfalls ca. 50 s. Die beste RTV-Konfiguration ist, wie

schon beim $N = 600$ Trainingssatz, die Konfiguration $F^{(t=1)} = 16$, $R = 0.1$ mit $E_{rel}^{Test} = 8.09\%$. Sie erreicht das Ergebnis des SFS nicht, führt jedoch im Vergleich zum SPA zu einem besseren Ergebnis.

Methode	Training				Test			Training + Test		
	N_{set}	E_{abs}	E_{rel} in [%]	Zeit in [s]	N_{set}	E_{abs}	E_{rel} in [%]	N_{set}	E_{abs}	E_{rel} in [%]
Sub-S x64	600	67	11.17	« 1	552	54	09.78	1152	121	10.50
SFS	**600**	**70**	**11.67**	**50.4**	**552**	**38**	**06.88**	**1152**	**108**	**09.37**
PLSR 7	600	123	20.50	« 1	552	98	17.75	1152	221	19.18
SPA	**600**	**65**	**10.83**	**25.7**	**552**	**38**	**06.88**	**1152**	**103**	**08.94**
RTV 120, 0.2	600	36	06.00	5.3	552	40	07.25	1152	76	06.60
RTV 80, 0.2	600	37	06.17	3.44	552	46	08.33	1152	83	07.20
RTV 50, 0.2	600	46	07.67	2.7	552	44	07.97	1152	90	07.81
RTV 50, 0.5	600	45	07.50	1.4	552	46	08.33	1152	91	07.90
RTV 26, 0.1	600	38	06.33	3	552	40	07.25	1152	78	06.77
RTV 16, 0.1	**600**	**34**	**05.67**	**2**	**552**	**34**	**06.16**	**1152**	**68**	**05.90**
Sub-S x64	200	18	09.0	« 1	952	104	10.92	1152	122	10.59
SFS	**200**	**13**	**06.5**	**51.2**	**952**	**71**	**07.46**	**1152**	**84**	**07.29**
PLSR 8	200	23	11.5	« 1	952	143	15.02	1152	166	14.41
SPA	200	17	08.5	20.5	952	84	08.82	1152	101	08.77
RTV 120, 0.2	200	9	04.5	3.1	952	78	08.19	1152	87	07.55
RTV 80, 0.2	200	9	04.5	2.5	952	79	08.30	1152	88	07.64
RTV 50, 0.2	200	15	07.5	1.6	952	92	09.66	1152	107	09.29
RTV 50, 0.5	200	15	07.5	1.1	952	101	10.61	1152	116	10.07
RTV 26, 0.1	200	14	07.0	2.1	952	79	08.30	1152	93	08.07
RTV 16, 0.1	**200**	**10**	**05.0**	**1.4**	**952**	**77**	**08.09**	**1152**	**87**	**07.55**

Tabelle 4.5 Klassifikationsgenauigkeit mit 4 extrahierten Variablen in Abhängigkeit der Selektionsmethode und der Anzahl der Trainingsbeobachtungen am Beispiel des Datensatzes vom 14. Bebrütungstag. Der Testfehler der besten RTV-Konfiguration sowie der besten Vergleichsmethode sind grün markiert.

Selektion von zwei Variablen

Die von den Methoden selektierten Variablen zeigt Abbildung 4.5. Die Variablenselektion mit dem SFS-Verfahren liefert für den größeren Trainingssatz die Wellenlängen 740 nm und 812 nm, für den $N = 200$ Trainingssatz dagegen 740 nm und 768 nm. Die Selektion des SPA extrahiert 740 nm und 815 nm in beiden Durchgängen und ist daher mit der Selektion des SFS auf dem $N = 600$ Trainingssatz vergleichbar.

Die RTV-Konfigurationen führen auf dem $N = 600$ Trainingssatz zu Wellenlängen um 766 nm und 873 nm und auf dem $N = 200$ Trainingssatz zu den Bereichen um 740 nm und 766 nm. Tabelle 4.6 enthält die Klassifikationsgenauigkeiten im Überblick. Auf dem $N = 600$ Trainingssatz schneidet als Vergleichsmethode die SFS mit einem Testfehler von 7.79 % am besten ab und benötigt 24.2 s. Die Verwendung der besten RTV-Konfiguration $F^{(t=1)} = 120$, $R = 0.2$ erreicht dieses Ergebnis nicht (11.23 %). Die Selektionszeit liegt hier bei 5.3 s. Auf dem $N = 200$ Trainingssatz liefern sowohl SPA als auch die SFS mit 9.66 % den geringsten Testfehler. Die beste RTV-Konfiguration $F^{(t=1)} = 50$, $R = 0.5$, erreicht mit $E_{rel}^{Test} = 9.98\%$ einen etwas höheren Testfehler.

Methode	Training				Test			Training + Test		
	N_{set}	E_{abs}	E_{rel} in [%]	Zeit in [s]	N_{set}	E_{abs}	E_{rel} in [%]	N_{set}	E_{abs}	E_{rel} in [%]
Sub-S x128	600	227	37.83	« 1	552	210	38.04	1152	437	37.93
SFS	**600**	**67**	**11.17**	**24.2**	**552**	**43**	**07.79**	**1152**	**110**	**09.55**
PLSR 7	600	154	25.67	« 1	552	115	20.83	1152	269	23.35
SPA	600	71	11.83	21.4	552	45	08.15	1152	116	10.07
RTV 120, 0.2	**600**	**64**	**10.67**	**5.3**	**552**	**62**	**11.23**	**1152**	**126**	**10.94**
RTV 80, 0.2	600	67	11.17	3.8	552	67	12.14	1152	134	11.63
RTV 50, 0.2	600	68	11.33	3	552	66	11.96	1152	134	11.63
RTV 50, 0.5	600	68	11.33	1.5	552	66	11.96	1152	134	11.63
RTV 26, 0.1	600	62	10.33	3.5	552	69	12.50	1152	131	11.37
RTV 16, 0.1	600	69	11.50	2.2	552	63	11.41	1152	132	11.46
Sub-S x128	200	74	37.0	« 1	952	352	36.97	1152	426	36.98
SFS	**200**	**17**	**08.5**	**24.7**	**952**	**92**	**09.66**	**1152**	**109**	**09.46**
PLSR 8	200	28	14.0	« 1	952	166	17.44	1152	194	16.84
SPA	**200**	**23**	**11.5**	**16.8**	**952**	**92**	**09.66**	**1152**	**115**	**09.98**
RTV 120, 0.2	200	16	08.0	2.8	952	107	11.24	1152	123	10.68
RTV 80, 0.2	200	16	08.0	2.2	952	107	11.24	1152	123	10.68
RTV 50, 0.2	200	17	08.5	1.6	952	97	10.19	1152	114	09.89
RTV 50, 0.5	**200**	**15**	**07.5**	**0.9**	**952**	**95**	**09.98**	**1152**	**110**	**09.55**
RTV 26, 0.1	200	17	08.5	2.3	952	97	10.19	1152	114	09.89
RTV 16, 0.1	200	11	05.5	1.5	952	101	10.61	1152	112	09.72

Tabelle 4.6 Klassifikationsgenauigkeit mit zwei extrahierten Variablen in Abhängigkeit der Selektionsmethode und der Anzahl der Trainingsbeobachtungen am Beispiel des Datensatzes vom 14. Bebrütungstag. Der Testfehler der besten RTV-Konfiguration sowie der besten Vergleichsmethode sind grün markiert.

Für die Wahl von zwei Variablen ist insbesondere die Selektion auf dem $N = 600$ Datensatz der SFS vorzuziehen, da der Testfehler in allen RTV-Konfigurationen höher ausfiel und der vergleichsweise geringe Zeitgewinn dies nicht aufwiegt. Bei der Selektion von vier oder acht Variablen konnten auf dem $N = 600$ bessere Variablenkombinationen gefunden werden als mit den Standardmethoden, wobei die Gesamtrechenzeit für die Berechnung der unterschiedlichen Konfigurationen noch deutlich unter der Selektionszeit des SPA oder SFS liegt. Mit dem Prinzip der Variablenreduktion ähnelt das RTV dahingehend dem SBS-Verfahren. Die Selektionszeit erhöht sich mit steigender Variablenanzahl M, zunehmender Hauptkomponentenanzahl zu Beginn des Verfahrens $\rightarrow F^{(t=1)}$, niedrigerem Reduktionsparameter R und abnehmender Anzahl zu selektierender Variablen $\rightarrow F^{(t=T)}$.

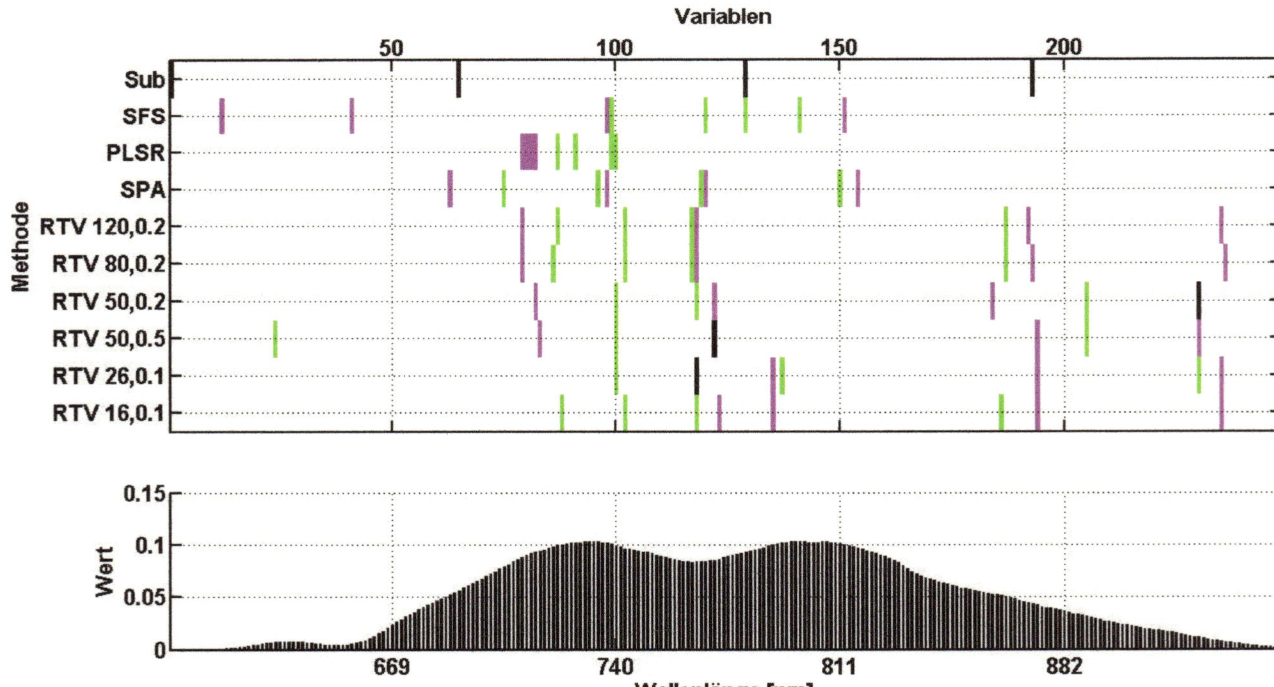

Abb. 4.4 Für die Klassifikation gewählte Variablen mit $F^{(t=T)} = 4$ auf dem $N = 600$ Trainingssatz (magenta) und dem $N = 200$ Trainingssatz (grün). Übereinstimmende Selektionen sind schwarz dargestellt.

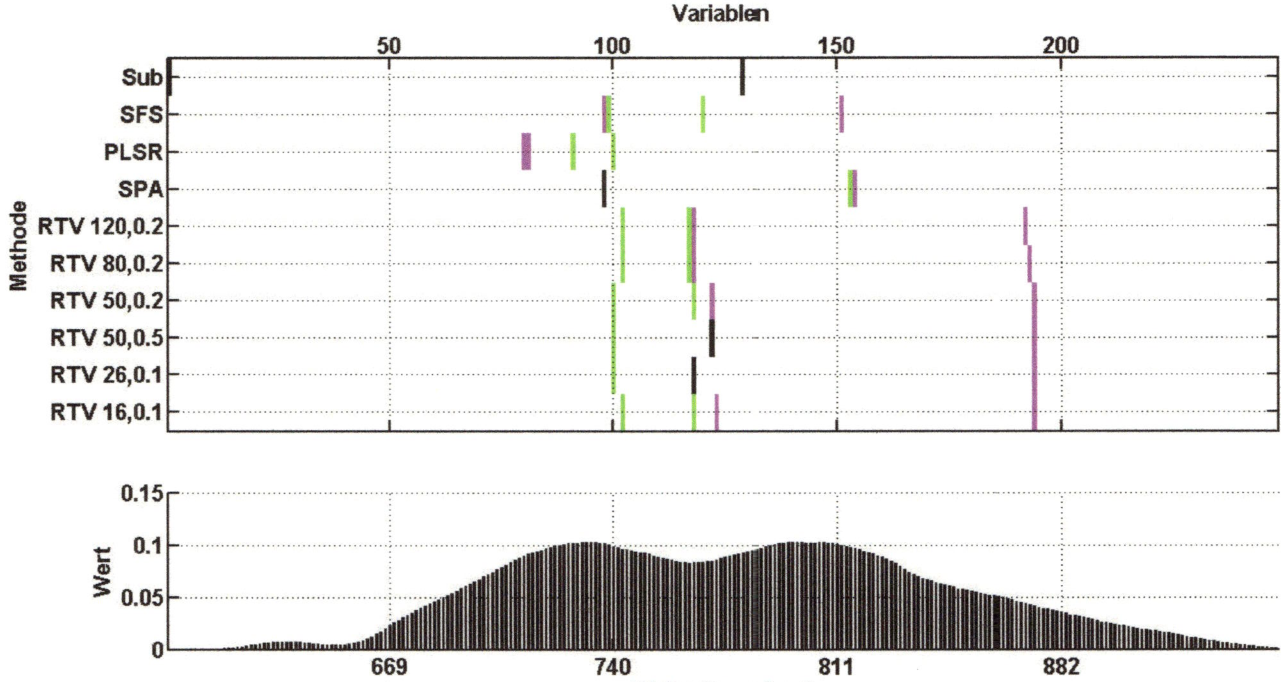

Abb. 4.5 Für die Klassifikation gewählte Variablen mit $F^{(t=T)} = 2$ auf dem $N = 600$ Trainingssatz (magenta) und dem $N = 200$ Trainingssatz (grün). Übereinstimmende Selektionen sind schwarz dargestellt.

4.3.2 Stationäre Merkmale

Eine Einschätzung, ob stationäre Merkmale vorhanden sind, soll eine Gegenüberstellung der Transmissionsspektren der Bebrütungstage 11 bis 14 ermöglichen. Für die vier Tage wurden Trainingsdatensätze gebildet, die die gleiche Anzahl an Trainingsbeobachtungen enthalten. Die Aufteilung ist Tabelle 4.7 zu entnehmen. Für den Vergleich werden acht Variablen selektiert mit deren Beobachtungswerten dann der Klassifikator auf den tagesspezifischen Trainingssätzen trainiert wird.

Bebrütungszeit	$N_{Training}$			N_{Test}		
	$\mathbf{x} \in \mathcal{C}_1$	$\mathbf{x} \in \mathcal{C}_2$	N_{set}	$\mathbf{x} \in \mathcal{C}_1$	$\mathbf{x} \in \mathcal{C}_2$	N_{set}
N_{Tag11}	250	250	500	298	303	601
N_{Tag12}	250	250	500	363	357	720
N_{Tag13}	250	250	500	528	503	1031
N_{Tag14}	250	250	500	299	353	652
$N_{\mathcal{C}}$	1000	1000	2000	1488	1516	3004

Tabelle 4.7 Einteilung der Daten in Trainings- und Testdatensatz

Bebrütungstag 11

Die Variablenselektion erfolgt auf dem Trainingsdatensatz vom 11. Bebrütungstag. Die von den Selektionsmethoden gewählten Variablen sind in Abbildung 4.6 markiert und die zugehörigen Klassifikationsergebnisse auf den Datensätzen in der oberen Hälfte von Tabelle 4.8 dargestellt. Dabei weist die SFS mit 34.61 % den geringsten Klassifikationsfehler auf und selektiert Variablen im Wellenlängenbereich zwischen 760 nm und 785 nm sowie aus der letzten abfallenden Flanke des Spektrums. Der SPA schneidet mit 39.6 % etwas besser ab als die beste Parametrierung des RTV ($F^{(t=1)} = 50$, $R = 0.2$), dessen Klassifikationsfehler 40.60 % beträgt. Die Variablenselektion des RTV am Tag 11 ist zwischen den Konfigurationen instabil. Nur die Wellenlängen um 739 nm und 754 nm finden sich bei fast allen wieder. Die schlechteste Konfiguration besitzt mit 42.43 % dennoch einen geringeren Fehler als die PLSR und die 32-fache Unterabtastung ($E_{rel}^{Test} > 44\%$). Betrachtet man die Ergebnisse auf den Testdatensätzen der anderen Bebrütungstage, so fällt auf, dass die RTV Selektionen in den meisten Fällen zu kleineren Klassifikationsfehlern führen als die Selektionen via SFS und SPA.

Bebrütungstag 12

Die Variablenselektion erfolgt auf dem Trainingsdatensatz vom 12. Bebrütungstag. Die von den Selektionsmethoden gewählten Variablen sind in Abbildung 4.7 gegenübergestellt und die zugehörigen Klassifikationsergebnisse auf den Datensätzen im unteren Abschnitt von Tabelle 4.8 zusammengefasst. Als beste Vergleichsmethode zeichnet sich an diesem Tag der SPA mit einem Fehler von 30.97 % aus. Der RTV schneidet mit Ausnahme der Konfiguration ($F^{(t=1)} = 120$, $R = 0.2$) besser ab. Den geringsten Klassifikationsfehler

(28.33 %) liefert die Selektion mit $F^{(t=1)} = 50$ und $R = 0.2$. Auf die übrigen Testdatensätze bezogen, fällt das Ergebnis mit dieser Konfiguration am Tag 14 schlechter aus als mit dem SPA. Der RTV mit $F^{(t=1)} = 8$ liefert für alle Testdatensätze einen geringeren Klassifikationsfehler als die bekannten Vergleichsmethoden. Die Variablenselektion ist für $F^{(t=1)} \leq 50$ annähernd stabil in den Wellenlängenbereichen um 635 nm, 661 nm, 749 nm, 764 nm, 781 nm und 864 nm.

Bebrütungstag 13

Die Variablenselektion erfolgt auf dem Trainingsdatensatz vom 13. Bebrütungstag. Die von den Selektionsmethoden gewählten Variablen sind in Abbildung 4.8 markiert und die zugehörigen Klassifikationsergebnisse auf den Datensätzen in der oberen Hälfte von Tabelle 4.9. Die SFS erreicht mit 13.09 % den geringsten Klassifikationsfehler. Mit 13.68 % folgt die RTV Konfiguration $F^{(t=1)} = 50$ mit $R = 0.2$. Der Wellenlängenbereich um 740 nm wird von allen Methoden selektiert. Der RTV selektiert in den besten Konfigurationen 839 nm und aus dem Bereich um 863 nm und 893 nm. Die Ergebnisse dieser Selektion auf den Testdatensätzen vom 11. und 12. Bebrütungstag sind vergleichbar mit denen der SFS und SPA. Am 14. Bebrütungstag schneidet die Selektion schlechter ab.

Bebrütungstag 14

Die Variablenselektion erfolgt auf dem Trainingsdatensatz vom 14. Bebrütungstag. Die von den Selektionsmethoden gewählten Variablen sind in Abbildung 4.9 gegenübergestellt und die zugehörigen Klassifikationsergebnisse auf den Datensätzen beinhaltet der untere Abschnitt von Tabelle 4.9. Mit 05.37 % liefert der SFS den geringsten Klassifikationsfehler. Der RTV liegt mit den Konfigurationen $F^{(t=1)} = 80$ und $F^{(t=1)} = 50$ mit $R = 0.2$ gleichauf mit dem SPA. Die selektierten Variablen sind zwischen RTV und SPA ebenfalls vergleichbar. Lediglich der Bereich um 814 nm wird vom SPA selektiert, wohingegen der RTV 869 nm bevorzugt. Für sechs bis sieben Variablenbereiche erfolgt die Selektion des RTV stabil.
Auf den übrigen Testdatensätzen fällt der Klassifikationsfehler der besten RTV Konfiguration(en) niedriger aus als auf den von SFS und SPA selektierten Variablen.

Methode	Train. D11		Test D11		Train. D12		Test D12		Train. D13		Test D13		Train. D14		Test D14	
	E_{abs}	E_{rel} in [%]	E_{abs}	E_{rel} in [%]	E_{abs}	E_{rel} in [%]	E_{abs}	E_{rel} in [%]	E_{abs}	E_{rel} in [%]	E_{abs}	E_{rel} in [%]	E_{abs}	E_{rel} in [%]	E_{abs}	E_{rel} in [%]
Selektion auf dem Trainingsdatensatz vom 11. Bebrütungstag																
Sub-S x 32	202	40.40	268	44.59	179	35.80	275	38.19	99	19.80	191	18.52	49	09.80	58	08.89
SFS	**206**	**41.20**	**208**	**34.61**	**183**	**36.60**	**275**	**38.19**	**85**	**17.00**	**214**	**20.76**	**43**	**08.60**	**69**	**10.58**
PLSR 9	215	43.00	269	44.76	178	35.60	295	40.97	125	25.00	240	23.28	57	11.40	74	11.35
SPA	198	39.60	238	39.60	174	34.80	252	35.00	89	17.80	212	20.56	43	08.60	57	08.74
RTV 120, 0.2	185	37.00	255	42.43	170	34.00	268	37.22	78	15.60	177	17.17	36	07.20	53	08.13
RTV 80, 0.2	185	37.00	254	42.26	180	36.00	271	37.64	91	18.20	197	19.11	43	08.60	51	07.82
RTV 50, 0.2	**181**	**36.20**	**244**	**40.60**	**156**	**31.20**	**239**	**33.19**	**87**	**17.40**	**189**	**18.33**	**35**	**07.00**	**56**	**08.59**
RTV 26, 0.1	184	36.80	249	41.43	170	34.00	277	38.47	82	16.40	187	18.14	48	09.60	57	08.74
RTV 16, 0.1	182	36.40	247	41.10	157	31.40	229	31.80	77	15.40	175	16.97	35	07.00	58	08.89
RTV 8	215	43.00	247	41.10	160	32.00	257	35.69	79	15.80	204	19.79	42	08.40	57	08.74
Selektion auf dem Trainingsdatensatz vom 12. Bebrütungstag																
Sub-S x 32	202	40.40	268	44.59	179	35.80	275	38.19	99	19.80	191	18.52	49	09.80	58	08.89
SFS	195	39.00	273	45.42	165	33.00	235	32.64	89	17.80	210	20.37	46	09.20	70	10.74
PLSR 8	224	44.80	272	45.26	176	35.20	294	40.83	128	25.60	255	24.73	52	10.40	70	10.74
SPA	**210**	**42.00**	**269**	**44.76**	**162**	**32.40**	**223**	**30.97**	**65**	**13.00**	**153**	**14.84**	**28**	**05.60**	**44**	**06.75**
RTV 120, 0.2	212	42.20	250	41.60	148	29.60	239	33.19	56	11.20	163	15.81	37	07.40	62	09.51
RTV 80, 0.2	199	39.80	262	43.59	141	28.20	221	30.69	58	11.60	138	13.38	38	07.60	62	09.51
RTV 50, 0.2	**187**	**37.40**	**249**	**41.43**	**147**	**29.40**	**204**	**28.33**	**63**	**12.60**	**136**	**13.19**	**39**	**07.80**	**56**	**08.59**
RTV 26, 0.1	186	37.20	245	40.76	139	27.80	213	29.58	64	12.80	146	14.16	39	07.80	57	08.74
RTV 16, 0.1	197	39.40	228	37.94	142	28.40	210	29.17	57	11.40	149	14.45	31	06.20	56	08.59
RTV 8	212	42.40	257	42.76	166	33.20	212	29.44	66	13.20	152	14.74	26	05.20	42	06.44

Tabelle 4.8 Klassifikationsfehler mit 8 Variablen, die mit verschiedenen Selektionsmethoden auf dem Trainingsdatensatz vom 11. bzw. 12. Bebrütungstag (Spalten jeweils grau unterlegt) selektiert wurden. Der Testfehler der besten RTV-Konfiguration sowie der besten Vergleichsmethode sind grün markiert.

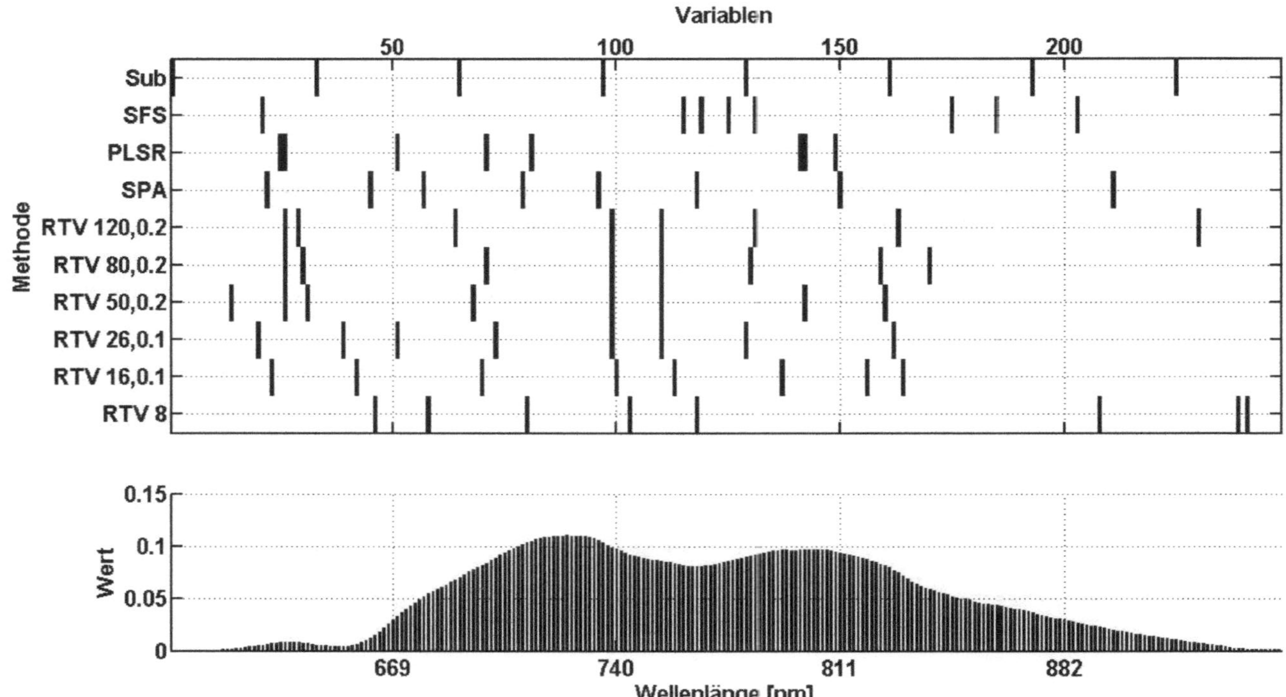

Abb. 4.6 Anhand des Trainingsdatensatzes vom 11. Bebrütungstag selektierte Variablen

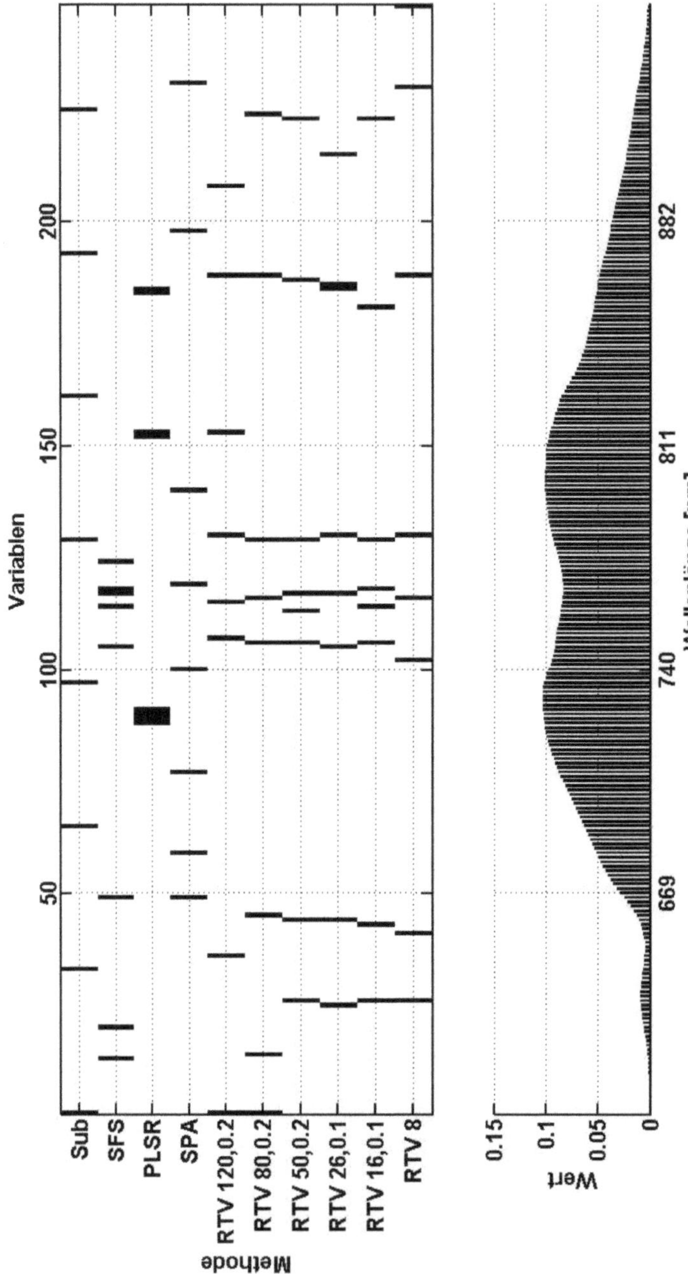

Abb. 4.7 Anhand des Trainingsdatensatzes vom 12. Bebrütungstag selektierte Variablen

Methode	Train. D11 E_{abs}	Train. D11 E_{rel} in [%]	Test D11 E_{abs}	Test D11 E_{rel} in [%]	Train. D12 E_{abs}	Train. D12 E_{rel} in [%]	Test D12 E_{abs}	Test D12 E_{rel} in [%]	Train. D13 E_{abs}	Train. D13 E_{rel} in [%]	Test D13 E_{abs}	Test D13 E_{rel} in [%]	Train. D14 E_{abs}	Train. D14 E_{rel} in [%]	Test D14 E_{abs}	Test D14 E_{rel} in [%]
Selektion auf dem Trainingsdatensatz vom 13. Bebrütungstag																
Sub-S x 32	202	40.40	268	44.59	179	35.80	275	38.19	99	19.80	191	18.52	49	09.80	58	08.89
SFS	**199**	**39.80**	**252**	**41.93**	**160**	**32.00**	**222**	**30.83**	**57**	**11.40**	**135**	**13.09**	**35**	**07.00**	**48**	**07.36**
PLSR 8	213	42.60	295	49.08	204	40.80	330	45.83	152	30.40	300	29.10	88	17.60	101	15.49
SPA	214	42.80	247	41.10	177	35.40	229	31.80	64	12.80	146	14.16	35	07.00	41	06.29
RTV 120, 0.2	211	42.20	268	44.59	144	28.80	227	31.53	48	09.60	153	14.84	37	07.40	57	08.74
RTV 80, 0.2	220	44.00	260	43.26	159	31.80	208	28.89	58	11.60	145	14.06	36	07.20	56	08.59
RTV 50, 0.2	**218**	**43.60**	**247**	**41.10**	**159**	**31.80**	**221**	**30.69**	**52**	**10.40**	**141**	**13.68**	**36**	**07.20**	**58**	**08.89**
RTV 26, 0.1	209	41.80	253	42.10	152	30.40	232	32.22	54	10.80	143	13.87	36	07.20	57	08.74
RTV 16, 0.1	213	42.60	253	42.10	155	31.00	224	31.11	58	11.60	143	13.87	36	07.20	48	07.36
RTV 8	212	42.40	264	43.93	167	33.40	222	30.83	65	13.00	154	14.94	30	06.00	44	06.75
Selektion auf dem Trainingsdatensatz vom 14. Bebrütungstag																
Sub-S x 32	202	40.40	268	44.59	179	35.80	275	38.19	99	19.80	191	18.52	49	09.80	58	08.89
SFS	**207**	**41.40**	**267**	**44.42**	**176**	**35.20**	**261**	**36.25**	**73**	**14.60**	**159**	**15.42**	**36**	**07.20**	**35**	**05.37**
PLSR 8	224	44.80	259	43.09	174	34.80	295	40.97	133	26.60	245	23.76	76	15.20	71	10.89
SPA	217	43.40	275	45.76	155	31.00	220	30.55	65	13.00	167	16.20	39	07.80	42	06.44
RTV 120, 0.2	217	43.40	267	44.42	157	31.40	217	30.14	62	12.40	152	14.74	25	05.00	45	06.90
RTV 80, 0.2	**216**	**43.20**	**263**	**43.76**	**149**	**29.80**	**217**	**30.14**	**64**	**12.80**	**152**	**14.74**	**26**	**05.20**	**42**	**06.44**
RTV 50, 0.2	**211**	**42.20**	**264**	**43.93**	**149**	**29.80**	**216**	**30.00**	**62**	**12.40**	**148**	**14.35**	**27**	**05.40**	**42**	**06.44**
RTV 26, 0.1	204	40.80	269	44.76	174	34.80	232	32.22	57	11.40	162	15.71	27	05.40	47	07.21
RTV 16, 0.1	213	42.60	265	44.09	162	32.40	217	30.14	59	11.80	153	14.84	35	07.00	48	07.36
RTV 8	214	42.80	258	42.93	166	33.20	226	31.39	67	13.40	163	15.81	33	06.60	53	08.13

Tabelle 4.9 Klassifikationsfehler mit 8 Variablen, die mit verschiedenen Selektionsmethoden auf dem Trainingsdatensatz vom 13. bzw. 14. Bebrütungstag (Spalten jeweils grau unterlegt) selektiert wurden. Der Testfehler der besten RTV-Konfiguration sowie der besten Vergleichsmethode sind grün markiert.

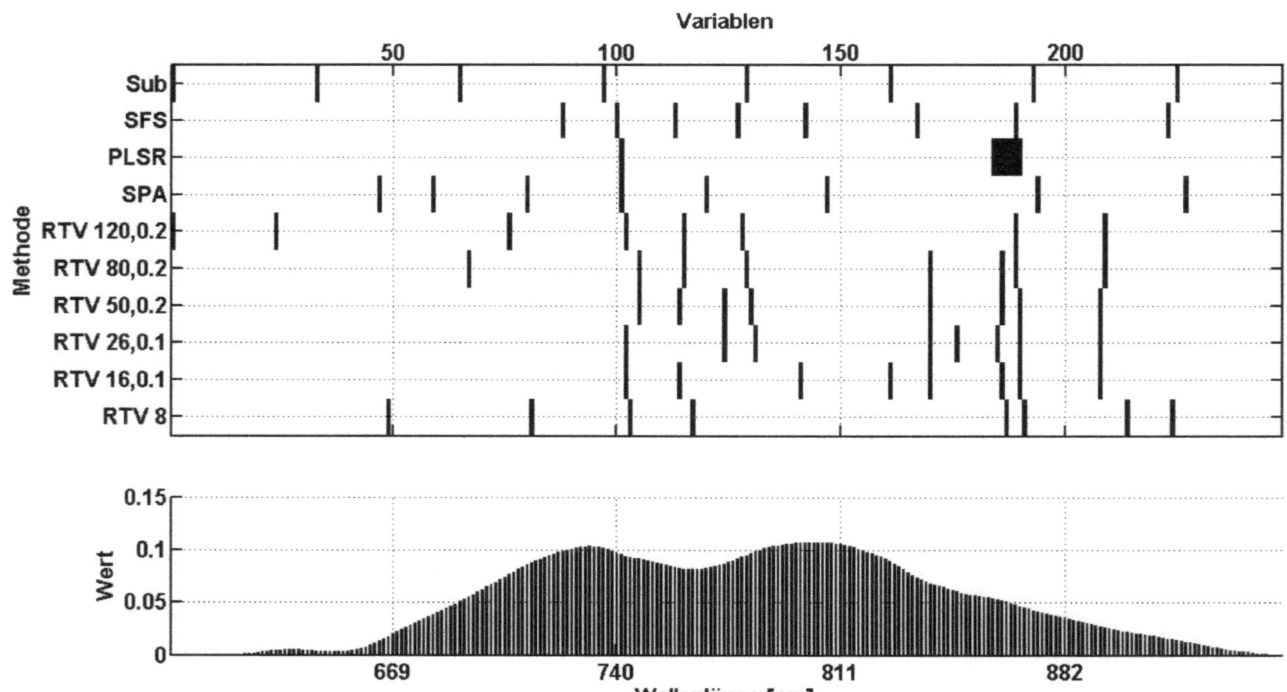

Abb. 4.8 Anhand des Trainingsdatensatzes vom 13. Bebrütungstag selektierte Variablen

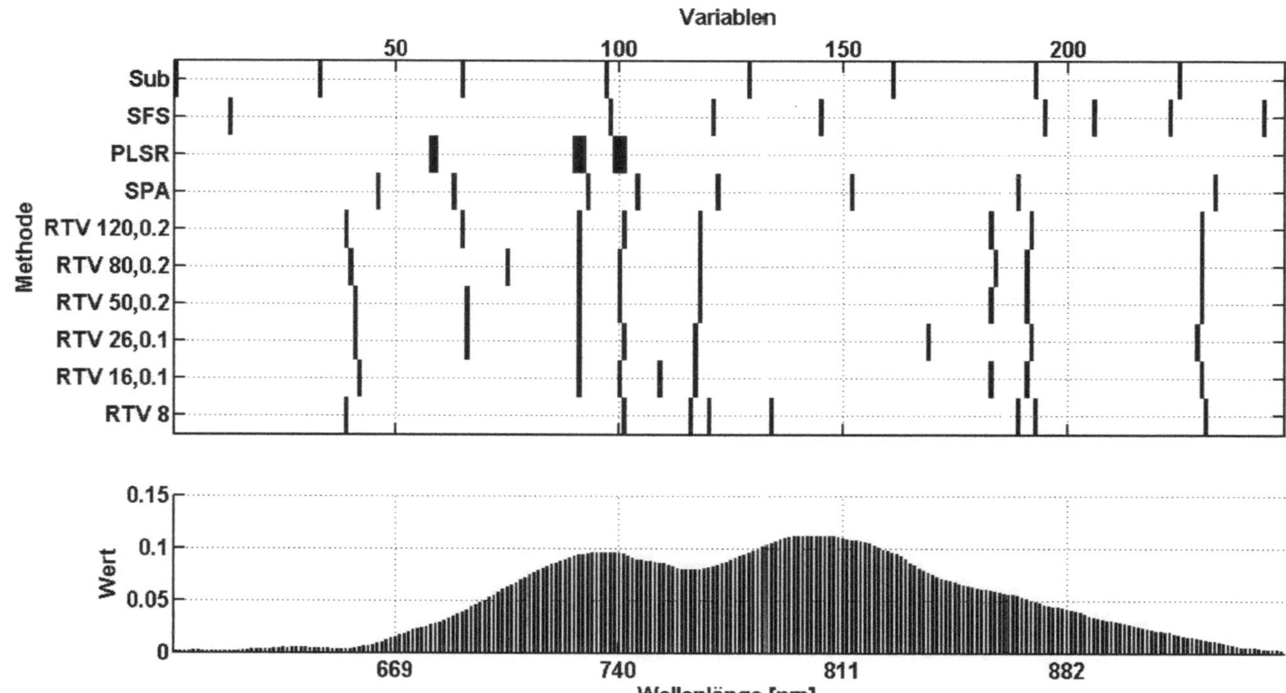

Abb. 4.9 Anhand des Trainingsdatensatzes vom 14. Bebrütungstag selektierte Variablen

Bebrütungstag 11 bis 14

Für die Variablenselektion wurden alle Trainingsdatensätze vom 11. Bebrütungstag bis 14. Bebrütungstag zu einem Satz zusammengefasst. Die von den Selektionsmethoden gewählten Variablen sind in Abb. 4.16 markiert und die zugehörigen Klassifikationsergebnisse auf den Datensätzen in Tabelle 4.10 enthalten. Auf dem Testdatensatz des 11. Tages liefert die SFS mit 43.26 % den niedrigsten Klassifikationsfehler der Vergleichsmethoden. Die Fehlerwerte der RTV-Selektion liegen bis auf die Konfiguration $F^{(t=1)} = 8$ darunter. Das beste Ergebnis (36.60 %) konnte mit den Parametrierungen $F^{(t=1)} = 50$ und $R = 0.1$ bzw. $R = 0.5$ erreicht werden.
Auf dem Testdatensatz des 12. Tages schneidet der SPA mit 31.80 % von den Vergleichsmethoden am besten ab. Die RTV-Selektion führt zu geringeren Klassifikationsfehlern. Der Niedrigste konnte mit der Konfiguration $F^{(t=1)} = 50$ und $R = 0.1$ beobachtet werden.
Auf dem Testdatensatz des 13. Tages liegt der niedrigste Fehlerwert bei 15.61 % (SPA) und die beste RTV-Konfiguration $F^{(t=1)} = 26$ und $R = 0.1$ weist einen Klassifikationsfehler von 12.80 % auf. Die übrigen Konfigurationen liefern ebenfalls ein besseres Ergebnis als die SPA.
Auf dem Testdatensatz des 14. Tages schnitten alle Methoden ähnlich ab. Die SPA führte zu 7.05 % Fehler, die SFS zu 9.20 % und die Ergebnisse der RTV-Konfigurationen liegen zwischen 6.44 % ($F^{(t=1)} = 8$) und 9.05 % ($F^{(t=1)} = 80$, $R = 0.5$).

Das RTV selektierte mit der Mehrheit der Konfigurationen Variablen aus den Wellenlängenbereichen 635 nm, 658 nm, 740 nm, 761 nm, 784 nm und 862 nm und erreichte im Vergleich zu der Selektion auf den tagesspezifischen Datensätzen ähnliche, im Fall des 11. Bebrütungstages sogar geringere Fehlerwerte. Die selektierten Wellenlängenbereiche können daher als stationäre Unterscheidungsmerkmale betrachtet werden.
Die Ergebnisse führen außerdem zur Annahme, dass die Variablenselektion mittels RTV auf Datensätzen mit signifikant unterschiedlichen Ausprägungen robuster ist als die Vergleichsmethoden, wenn eine lineare Trennbarkeit anzunehmen ist und gemeinsame Merkmale vorliegen. Zudem erfolgte die Selektion mit Zeiten zwischen 4.5 s ($F^{(t=1)} = 8$) und 60 s ($F^{(t=1)} = 200$, $R = 0.1$) schneller als die Selektion via SPA (113 s) oder SFS (480 s). Eine größere Anzahl an Hauptkomponenten zu Beginn der Iteration bezieht Merkmale geringerer Varianzen in den Prozess ein, jedoch auch vermehrt Rauschen. Der RTV neigt insbesondere bei geringem R dazu die Diskriminante zu schnell festzulegen, da die Wichtungsfaktoren zwischen den Iterationen sehr ähnlich sind und entsprechende Variablen durch wiederholte, nur geringfügig voneinander abweichende Wichtungen stark herausgehoben oder zurückgedrängt werden. Eine große Änderung der Diskriminante benötigt dann eine große Änderung der Wichtungsfaktoren. Ein zu groß gewähltes R kann wiederum dazu führen, dass Unterscheidungsmerkmale bei der PCA verworfen werden, wenn sie durch die zu verwerfenden Hauptkomponenten dargestellt werden.

Diese Eigenschaft lässt sich mit der Lernrate eines neuronalen Netzes vergleichen. Geringe Lernraten ermöglichen keine großen Änderungen des Netzwerkes, das Netz verhält sich jedoch stabiler. Große Lernraten ermöglichen starke Veränderungen im Netzwerk, das Netz neigt jedoch zur Instabilität.

Unabhängig von der Selektionsmethode lässt sich an dem Beispiel beobachten, dass sich die lineare Trennbarkeit der Klassen anhand der Transmissionsspektren im Verlauf der Bebrütung vom 11. bis zum 14. Tag verbessert. Die vorliegenden Ergebnisse legen nahe, dass die Unterscheidungsmerkmale stationär sind, ihre Ausprägungen aber erst ab dem 13. Bebrütungstag für eine Klassentrennung geeignet sind. Die klassenspezifische Entwicklung der Ausprägungen im Verlauf der Entwicklung veranschaulicht Abbildung 4.14 sowie die Einzelabbildungen 4.10 bis 4.13 der Bebrütungstage am Beispiel der selektierten Wellenlängenbereiche 740 nm und 863 nm.

Aus den Abbildungen ist ersichtlich, dass die Beobachtungswerte der Wellenlänge 740 nm in Klasse $\mathcal{C}_1$ mit zunehmender Bebrütungszeit abfallen. Die Beobachtungswerte der Wellenlänge 863 nm erhöhen sich, wobei die Zunahme in Klasse $\mathcal{C}_1$ stärker ausgeprägt ist als in Klasse $\mathcal{C}_2$. Die Beobachtungswerte der Klassen driften im Verlauf der Entwicklung auseinander. Während am 11. Bebrütungstag die Beobachtungen der Klassen fast deckungsgleich übereinanderliegen, ist der Überlappungsbereich am Tag 14 deutlich geringer. Abbildung 4.15 zeigt außerdem auf, dass die Beobachtungswerte einen Rückschluss auf den Entwicklungsstand des Embryos zulassen.

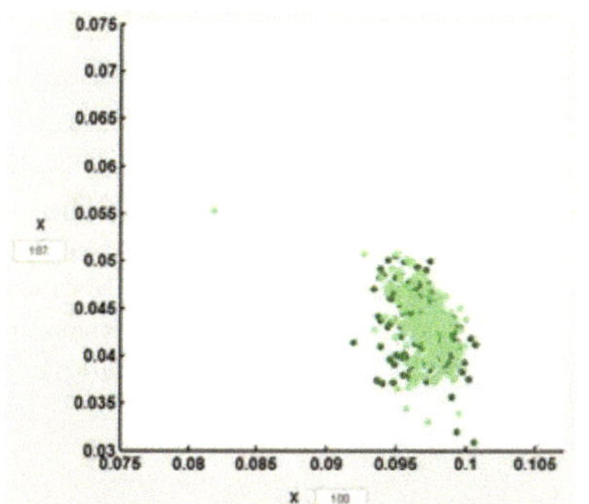

Abb. 4.10 Ausprägungen der Wellenlängen 740 nm (X-Achse) und 863 nm (Y-Achse) am 11. Tag. Hellgrün → Klasse $\mathcal{C}_1$ | Dunkelgrün → Klasse $\mathcal{C}_2$

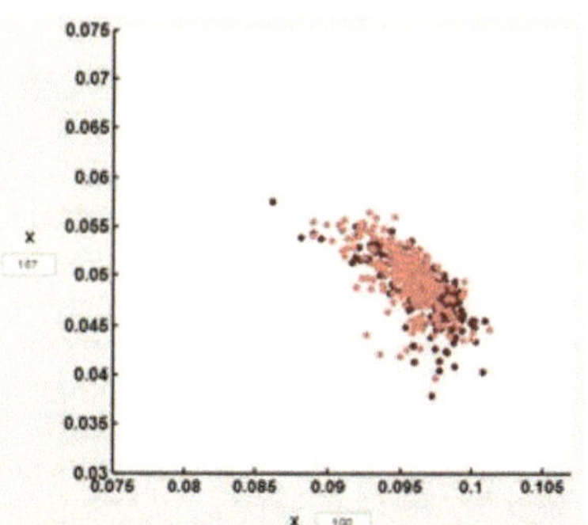

Abb. 4.11 Ausprägungen der Wellenlängen 740 nm (X-Achse) und 863 nm (Y-Achse) am 12. Tag. Hellrot → Klasse $\mathcal{C}_1$ | Dunkelrot → Klasse $\mathcal{C}_2$

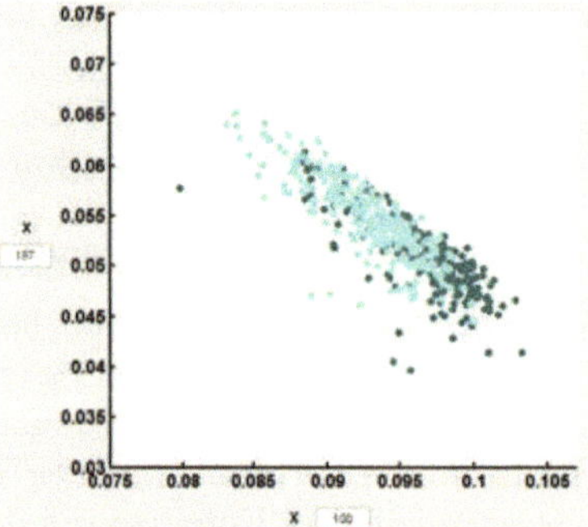

Abb. 4.12 Ausprägungen der Wellenlängen 740 nm (X-Achse) und 863 nm (Y-Achse) am 13. Tag. Türkis (hell) → Klasse $\mathcal{C}_1$ | Smaragd (dunkel) → Klasse $\mathcal{C}_2$

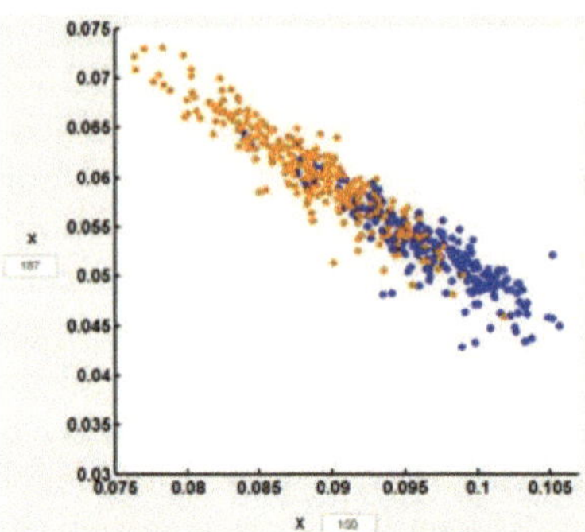

Abb. 4.13 Ausprägungen der Wellenlängen 740 nm (X-Achse) und 863 nm (Y-Achse) am 14. Tag. Orange → Klasse $\mathcal{C}_1$ | Blau → Klasse $\mathcal{C}_2$

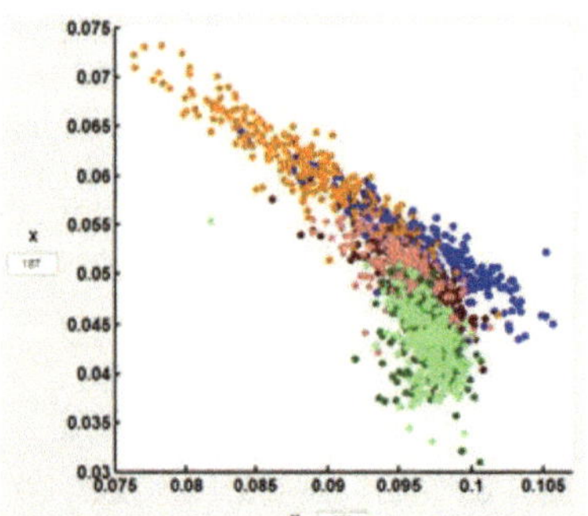

Abb. 4.14 Entwicklung der Ausprägungen der Wellenlängen 740 nm (X-Achse) und 863 nm (Y-Achse) im Verlauf der Bebrütungstage 11 (hellgrün/dunkelgrün), 12 (hellrot/dunkelrot) und 14 (orange/blau). Auf die Darstellung der Ausprägungen vom 13. Tag (s. Abb. 4.12) wurde aus Gründen der Übersichtlichkeit verzichtet.

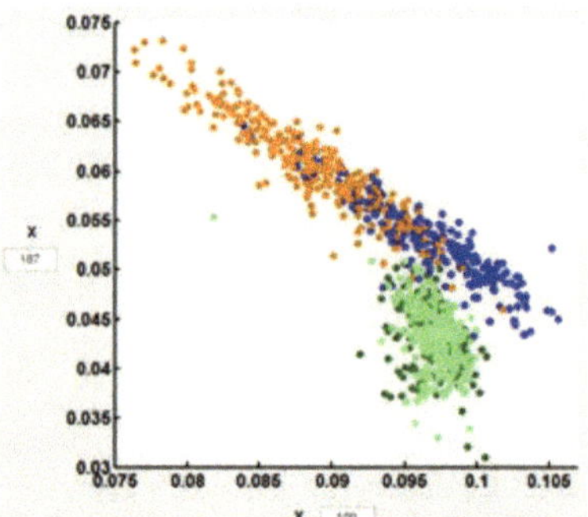

Abb. 4.15 Ausprägungen der Wellenlängen 740 nm (X-Achse) und 863 nm (Y-Achse) für den 11. (hellgrün/dunkelgrün) und 14. Bebrütungstag (orange/blau). Eine Beurteilung des Entwicklungszustandes anhand der gewählten Wellenlängen ist möglich.

Methode	Train. D11		Test D11		Train. D12		Test D12		Train. D13		Test D13		Train. D14		Test D14	
	E_{abs}	E_{rel} in [%]	E_{abs}	E_{rel} in [%]	E_{abs}	E_{rel} in [%]	E_{abs}	E_{rel} in [%]	E_{abs}	E_{rel} in [%]	E_{abs}	E_{rel} in [%]	E_{abs}	E_{rel} in [%]	E_{abs}	E_{rel} in [%]
Sub-S x 32	202	40.40	268	44.59	179	35.80	275	38.19	99	19.80	191	18.52	49	09.80	58	08.89
SFS	197	39.40	**260**	**43.26**	168	33.60	239	33.19	82	16.40	174	16.88	43	08.60	60	09.20
PLSR 10	237	47.40	277	46.09	173	34.60	286	39.72	137	27.40	264	25.61	73	11.40	80	12.27
SPA	207	41.40	268	44.59	185	37.00	**229**	**31.80**	62	12.40	**161**	**15.61**	33	06.60	**46**	**07.05**
RTV 200, 0.1	202	40.40	240	39.93	151	30.20	206	33.22	55	11.00	150	14.55	33	06.60	51	07.82
RTV 200, 0.2	249	46.11	245	40.76	152	30.40	218	30.28	61	12.20	147	14.26	27	05.40	50	07.67
RTV 200, 0.5	209	41.80	234	38.93	155	31.00	207	28.75	64	12.80	144	13.97	36	07.20	46	07.05
RTV 120, 0.1	186	37.20	238	39.60	154	30.80	217	30.14	59	11.80	140	13.58	30	06.00	55	08.43
RTV 120, 0.2	184	36.80	232	38.60	152	30.40	220	30.55	60	12.00	146	14.16	28	05.60	55	08.43
RTV 120, 0.5	200	40.00	241	40.10	162	32.40	219	30.42	62	12.40	136	13.19	27	05.40	45	06.90
RTV 80, 0.1	194	38.80	232	38.60	146	29.20	208	28.89	58	11.60	140	13.58	31	06.20	54	08.28
RTV 80, 0.2	191	38.20	235	39.10	148	29.60	210	29.17	60	12.00	149	14.45	28	05.60	54	08.28
RTV 80, 0.5	197	39.40	230	38.27	142	28.40	214	29.72	58	11.60	155	15.03	28	05.60	59	09.05
RTV 50, 0.1	184	36.80	**220**	**36.60**	144	28.80	**206**	**28.61**	55	11.00	138	13.38	34	06.80	51	07.82
RTV 50, 0.2	187	37.40	227	37.77	149	29.80	213	29.58	57	11.40	147	14.26	37	07.40	53	08.13
RTV 50, 0.5	202	40.40	**220**	**36.60**	146	29.20	209	29.03	60	12.00	144	13.97	32	06.40	50	07.67
RTV 26, 0.1	191	38.20	222	36.94	145	29.00	207	28.75	56	11.20	**132**	**12.80**	37	07.40	57	08.74
RTV 16, 0.1	193	38.60	223	37.10	146	29.20	211	29.30	59	11.80	142	13.77	32	06.40	56	08.59
RTV 8	214	42.80	260	43.26	160	32.00	225	31.25	61	12.20	147	14.26	31	06.20	**42**	**06.44**

Tabelle 4.10 Klassifikationsgenauigkeit mit 8 Variablen, die unter Nutzung verschiedener Selektionsmethoden und den Trainingsdatensätzen vom 11. bis 14. Bebrütungstag selektiert wurden.

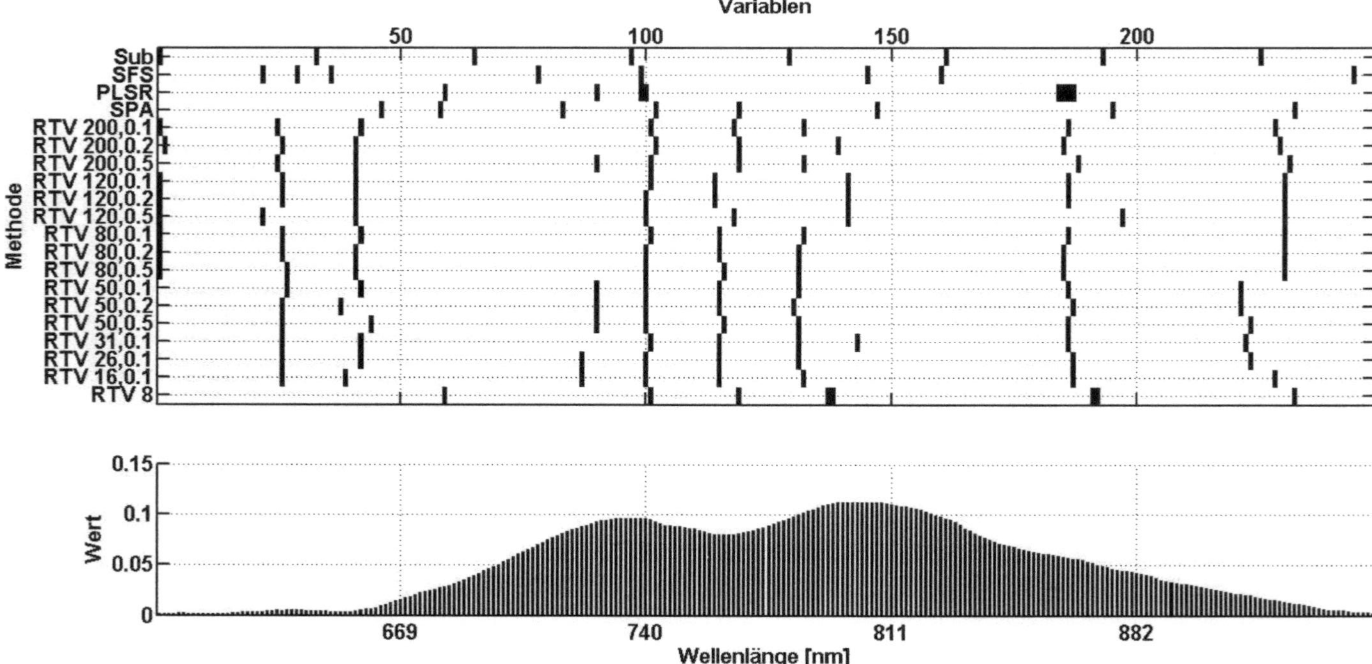

Abb. 4.16 Anhand aller Trainingsdatensätze vom 11. bis 14. Bebrütungstag selektierte Variablen

Kapitel 5
Zusammenfassung und Ausblick

5.1 Wichtigste Ergebnisse

- In dieser Arbeit wird ein neu entwickeltes rekursives Transformationsverfahren (RTV) vorgestellt, welches über die rekursive Durchführung der drei Schritte

  1. Hauptkomponentenanalyse,
  2. Erstellen eines linearen Klassifikationsmodelles mittels LDA oder Mahalanobis-Abstand und
  3. Multiplikation der Ausgangsdaten mit den rücktransformierten Koeffizienten

  eine gewählte Anzahl an Ausgangsvariablen extrahiert, welche signifikant für die lineare Trennung der Klassen sind.
- Es ist zur Variablenselektion bei linearen Zweiklassenproblemen geeignet und kann dabei als gleichwertige Alternative zu den bekannten vorwärtsselektierenden Methoden SFS und SPA angesehen werden.
- Die Selektion wird dabei in signifikant kürzerer Zeit erreicht, was an Hand eines umfangreichen Praxisbeispiels mit zeitveränderlichen Transmissionsspektren (s. Kapitel 4) gezeigt werden konnte. Bei der Auswahl von acht Variablen benötigt das RTV zwischen 2 s und 5 s, wohingegen die SFS in Abhängigkeit von der Trainingssatzgröße zwischen 110 s und 200 s braucht (s. Tabelle 4.4 in Abschnitt 4.3.1). Die Zeiteinsparung nimmt mit der Anzahl der zu selektierenden Variablen zu. Für die Selektion von bis zu drei Variablen ist jedoch die SFS aufgrund des geringeren Testfehlers vorzuziehen.
- Bei der Suche nach stationären Merkmalen auf der Basis von Trainingsdatensätzen, in denen sich die Ausprägung der Merkmale signifikant mit der Zeit ändert, arbeitet das RTV robuster und effizienter als SFS und SPA. Dies konnte am Praxisbeispiel in Abschnitt 4.3.2 gezeigt werden und ist insbesondere für die Variablenselektion in zeitveränderlichen Prozessen von Bedeutung. Dabei dauert die Selektion von acht Variablen aus einem Trainingsdatensatz mit 248 Variablen und 2000 Beobachtungen durch das RTV nur ca. 10 s. Der SPA benötigt dafür 113 s und die SFS 480 s.
- Das RTV führt zu einem transparenten Selektionsergebnis. So zeigt beispielsweise das Analyseergebnis des Praxisbeispiels, dass bereits zwei (von 248) Wellenlängen ausreichen, um die Transmissionsspektren vom

14. Bebrütungstag zu 90 % der korrekten Klasse zuzuordnen (s. Tabelle 4.6). Die Variablenselektion mittels RTV bietet durch diese Transparenz die Möglichkeit, für ein praktisches Problem geeignete Hardwarekomponenten gezielt auszuwählen.

- Ein Klassifikator, der das in Abschnitt 1.2 beschriebene Zweiklassenproblem unter den gegebenen Randbedingungen vollständig löst, konnte mit keiner der betrachteten Methoden gefunden werden. Für die vorhandene Datenbasis vom 14. Bebrütungstag war es bei Verwendung des RTV mit acht Variablen möglich den Klassifikationsfehler auf bis zu 5.43 % zu reduzieren (s. Tabelle 4.4).
- Das Praxisbeispiel zeigt außerdem, wie sich die Transmissionsspektren im Bereich der Wellenlängen, die für die Klassifikation von Bedeutung sind, mit der Entwicklungszeit verändern. Dadurch ist eine Klassifikation der Spektren nach Entwicklungsstand der Bruteier möglich.
- An künstlich erzeugten Daten wurde gezeigt, dass das RTV auch zur Variablenselektion geeignet ist, wenn der Klassenunterschied in Signalanteilen mit geringer Varianz und Ausprägung verborgen ist und der SPA deshalb keine zufriedenstellende Selektion erreicht (Abschnitt 3.2).
- An einem Datensatz von C. McCormick [McC13] wurde die Einsatzmöglichkeit des RTV zur Prototypenselektion gezeigt. Es ist somit auch auf nichtlineare Klassifikationsprobleme anwendbar (Abschnitt 3.3).

5.2 Weiterführende Fragestellungen

In nachfolgenden Arbeiten wäre zu untersuchen, ob die Konvergenz der F Wichtungsfaktoren $\omega^{(o|t=T)}$ auf den Wert 1 (Abschnitt 3.3) einem mathematischen Prinzip folgt, wodurch sich die Rekursion eventuell verkürzen lässt. Grundlegend ist dabei die Frage zu beantworten wie die Multiplikation von $\mathbf{x}^{(n)} \circ \boldsymbol{\omega}^{(o)}$ für alle N Beobachtungen die Eigenvektoren der Kovarianzmatrix $\boldsymbol{S}^{(M \times M)}$ beeinflusst. Die Kovarianzmatrix $\boldsymbol{S}^{((M \times M)|t+1)}$ wird durch die Multiplikation der Merkmalsvektoren $x^{(n|t)}$ mit dem Vektor $\omega^{(o|t)}$ (vgl. Gleichung (3.2)) verzerrt mit

$$\boldsymbol{S}^{((M \times M)|t+1)} = \boldsymbol{\Omega}^{((M \times M)|o|t)} \circ \boldsymbol{S}^{((M \times M)|t)} \tag{5.1}$$

$$\text{mit } \Omega_{jk}^{(o|t)} = \omega_j^{(o|t)} \omega_k^{(o|t)} \text{ für } j,k = 1 \dots M.$$

Jedes Element s_{jj} mit $j = 1 \dots M$ (Varianzen der Variablen $\rightarrow s_j^2$) der Hauptdiagonalen aus $\boldsymbol{S}^{((M \times M)|t)}$ wird mit dem quadrierten zugehörigen Wichtungsfaktor $\omega_j^{(o|t)}$ skaliert. Die Nebendiagonalelemente s_{jk} mit $j \neq k = 1 \dots M$ (Kovarianzen der Variablen) werden dagegen mit dem Faktor $\omega_j^{(o|t)} \omega_k^{(o|t)}$ verzerrt. Gibt es einen Zusammenhang zwischen den Lösungen der Eigenwertprobleme nach Gleichung (2.35) mit $\boldsymbol{A} = \boldsymbol{S}^{((M \times M)|t)}$

und $\boldsymbol{A} = \boldsymbol{\Omega}^{((M\times M)|o|t)}$ und der Lösung des Eigenwertproblems mit $\boldsymbol{A} = \boldsymbol{S}^{((M\times M)|t+1)} = \boldsymbol{\Omega}^{((M\times M)|o|t)} \circ \boldsymbol{S}^{((M\times M)|t)}$?
Beobachtet werden konnte, dass eine erfolgreiche Konvergenz von der Nutzung der LDA bzw. des Mahalanobis-Klassifikators abhängt, die beide die Kovarianzmatrix $\boldsymbol{S}^{(F\times F)}$ der in den Hauptkomponentenraum transformierten Daten $\boldsymbol{Z}^{(F\times N)}$ nutzen, um $\boldsymbol{\omega}$ zu berechnen. Des Weiteren zeigte sich - bei ausschließlicher Verwendung der extrahierten F Variablen - zwischen der direkten Berechnung von $\boldsymbol{\omega}^{(o)}$ nach Gleichung (2.27) auf den Ausgangsdaten $\boldsymbol{X}^{((M\times N)|t=1)}$ und dem iterativen Ergebnis folgender Zusammenhang:

$$\boldsymbol{\omega}^{(o)} = \left(\boldsymbol{S}^{(F\times F)}\right)^{-1} \cdot (\mathbf{m}^{(2)} - \mathbf{m}^{(1)}) \leftarrow \text{nach Gleichung (2.27)} \quad (5.2)$$

$$\omega_j^{(o)} = \frac{s_j\left(\boldsymbol{X}^{((F\times N)|t=T)}\right)}{s_j\left(\boldsymbol{X}^{((F\times N)|t=1)}\right)} \leftarrow \text{Quotient der Standardabweichungen} \quad (5.3)$$

Der Wichtungsfaktor $\omega_j^{(o)}$ für Variable j ergibt sich aus dem Quotient der Standardabweichung dieser Variablen nach Erreichen der Konvergenz ($t = T$) und der Standardabweichung der Variablen vor Beginn des RTV.

Ein weiterer Schwerpunkt für nachfolgende Arbeiten ist die Suche nach einer gezielteren Parametrierung des Algorithmus. Obwohl der geringe Zeitbedarf des RTV es ermöglicht viele Konfigurationen in kürzerer Zeit zu testen als der Durchlauf einer SFS benötigt, wäre dies wünschenswert und möglicherweise durch das bessere Verständnis der mathematischen Hintergründe erreichbar. Kann beispielsweise der Startwert $F^{(t=1)}$ aus den vorliegenden Daten abgeleitet werden und welche alternativen Reduktionskriterien und -methoden könnten neben der Trenngüte der Hauptkomponenten und einer Steuerung der Reduktion über den Parameter R eingesetzt werden?

Die LDA und der Mahalanobis-Klassifikator basieren auf der Kovarianzmatrix und arbeiten daher optimal auf normalverteilten Daten. Die Verteilung der Beobachtungswerte aus den Transmissionsspektren folgt insbesondere in den Signalbereichen mit großer Streuung eher einer Log-Normalverteilung als einer Normalverteilung. Einzeln betrachtet ließen sich die Log-Normalverteilungen durch das Logarithmieren der Beobachtungswerte in Normalverteilungen überführen. Eine unabhängige Betrachtung ist aufgrund der vorliegenden Korrelationen jedoch nicht möglich, so dass eine Logarithmierung die Kovarianzmatrix verzerren würde [Jun17]. Welchen Einfluss dies auf die nachfolgende Verarbeitung und Klassifikation hat, ist noch zu klären, ebenso der Einfluss anderer Vorverarbeitungsmethoden.
Eine weiterführende Fragestellung ergab sich außerdem zum Thema Kreuzvalidierung im Zusammenhang mit der Hauptkomponentenanalyse. Die weit verbreitete *Leave-One-Out* Technik, die insbesondere bei geringer Beobachtungszahl verwendet wird, beinhaltet, dass ein Klassifikator auf $N-1$ Beob-

achtungen trainiert und mit der verbleibenden Beobachtung validiert wird. Nun bedingt eine Änderung im Trainingsdatensatz (insbesondere bei geringem Umfang des Trainingssatzes) bei der Hauptkomponentenanalyse meist auch eine Änderung der Eigenvektoren (im besten Fall nur eine geringe) und damit eine Änderung der dem Klassifikator präsentierten Merkmale. Ist eine Kreuzvalidierung auf dieser Basis zulässig?

Literaturverzeichnis

[Alp10] E. Alpaydin. *Maschinelles Lernen* Oldenbourg Verlag, 2008

[Ara01] M. Araújo et al.: *The successive projections algorithm for variable selection in spectroscopic multicomponent analysis*, Chemometrics and Intelligent Laboratory Systems 57: 65-73, 2001

[Bac11] K. Backhaus et al.: *Multivariate Analysemethoden - Eine anwendungsorientierte Einführung*, 13. Auflage, Springer Verlag, 2011

[Cat12] S. Cateni et al.: *Variable Selection and Feature Extraction Through Artificial Intelligence Techniques*, Kapitel 6 aus Multivariate Analysis in Management,Engineering and the Sciences, InTech, Januar 2013

[Clo97] B. Close et al.: *Recommendations for euthanasia of experimental animals: Part 2*, Laboratory Animals. 31: 1-32, 1997

[Gal16] R. Galli et al.: *In ovo sexing of domestic chicken by Raman spectroscopy*, Anal. Chem. 88: 8657-8663, 2016

[Göh17] D. Göhler et al.: *In ovo sexing of 14 day old chicken embryos by pattern analysis in hyperspectral images (VIS/NIR spectra): A non-destructive method for layer lines with gender-specific down feather color*, Poultry Science, Vol. 96, No. 1: 1-4, 2017

[Guy03] I. Guyon et al.: *An Introduction to Variable and Feature Selection*, Journal of Machine Learning Research 3: 1157 - 1182, 2003

[Har08] M. Harz et. al.: *Minimal invasive gender determination of birds by means of UV-resonance Raman spectroscopy*, Anal. Chem. 80: 1080-1086, 2008

[Hof15] R. Hoffmann et al.: *Intelligente Signalverarbeitung 2 - Signalerkennung*, 2. Auflage, Springer Vieweg, 2015

[Jun17] B. Jung: Private Korrespondenz, 2017

[Kes07] W. Kessler: *Multivariate Datenanalyse*, WILEY-VCH Verlag, 2007

[Lea00] R. Leardi: *Application of genetic algorithm-PLS for feature selection in spectral data sets*, J. Chemometrics 14: 643-655, 2000

[Mar01] A. Martinez et al.: *PCA versus LDA*, IEEE Transactions on pattern analysis and machine intelligence, Vol. 23, No. 2: 228 - 233, 2001

[Meh12] T. Mehmood et al.: *A review of variable selection methods in Partial Least Squares Regression*, Chemometrics and Intelligent Laboratory Systems 118: 62-69, 2012

[McC13] C. McCormick: *Radial Basis Function Network (RBFN) Tutorial*, http://mccormickml.com/2013/08/15/radial-basis-function-network-rbfn-tutorial/, August 2013 (letzter Aufruf: 09.12.2016)

[McK14] J. McKay: *Spectrophotometric analysis of embryonic chick feather color*, Patent US2014/0069336 A1, 2014

[Nie15] M. Nielsen: *Neural Network and Deep Learning* , Determination Press, 2015, http://neuralnetworksanddeeplearning.com

[Pon04] M. Pontes et al.: *The successive projections algorithm for spectral variable selection in classification problems*, Chemometrics and Intelligent Laboratory Systems 78: 11-18, 2004

[Rin08] H. Rinne: *Taschenbuch der Statistik*, 4. Auflage, Wissenschaftlicher Verlag Harri Deutsch GmbH, 2008

[Sae07] Y. Saeys et al.: *A review of feature selection techniques in bioinformatics*, Bioinformatics Vol. 23 no. 19: 2507-2517, 2007

[Wei13] A. Weissmann et al.: *Sexing domestic chicken before hatch: a new method for in ovo gender identification*, Theriogenology 80: 199-205, 2013

[Xia10] Z. Xiaobo et al.: *Variables selection methods in near-infrared spectroscopy*, Anal. Chim. 667: 14-32, 2010

Bildquellen:

[ImgLDA] Ziel der LDA: Martin Thoma: https://commons.wikimedia.org/w/index.php?curid=34856463

[ImgIR] IR-Spektrum von Adrenalin: http://webbook.nist.gov/cgi/cbook.cgi?ID=C51434&Units=SI&Mask=80#IR-Spec

[ImgES] Emissionsspektrum-Spektrum einer Glühlampe: https://www.natuerlich-quintessence.de/newsletter-15-11-kuenstliches-licht-augen

[ImgHC] Aufbau einer hyperspektralen Kamera: F.Erfurth et al.: *Spectral-Imaging vonfluoreszenzmarkierten Microarrays* http://spectronet.de/story_docs/vortraege_2007/070920_1_spektralsensorik/070920_08_erfurth_gmbu.pdf